高等学校教材

Introduction to Polymer Materials

高分子材料概论

王霞 邹华 主编
李颖 李晓燕 邱碧薇 参编

化学工业出版社
·北京·

内容简介

《高分子材料概论》力求用有限的篇幅来展现高分子材料的基本知识，结构与性能，常见高分子材料的组成、性质和应用等，并注意介绍高分子材料的最新研究成果和发展趋势。全书分为 7 章，涵盖绪论、高分子材料的结构与性能、塑料、弹性体、聚合物基复合材料、功能高分子材料、高分子材料的可持续性发展等内容。

《高分子材料概论》可作为高等院校材料类专业和材料成型类专业本科生的教材，也可作为相关专业研究生的参考书。

图书在版编目（CIP）数据

高分子材料概论/王霞，邹华主编 . —北京：化学工业
出版社，2022. 8 （2024. 5 重印）
ISBN 978-7-122-41352-9

Ⅰ. ①高… Ⅱ. ①王… ②邹… Ⅲ. ①高分子材料-概
论-高等学校-教材 Ⅳ. ①TB324
中国版本图书馆 CIP 数据核字（2022）第 074392 号

责任编辑：陶艳玲 文字编辑：王丽娜 师明远
责任校对：宋 玮 装帧设计：史利平

出版发行：化学工业出版社（北京市东城区青年湖南街 13 号 邮政编码 100011）
印 装：北京科印技术咨询服务有限公司数码印刷分部
787mm×1092mm 1/16 印张 8½ 字数 181 千字
2024 年 5 月北京第 1 版第 3 次印刷

购书咨询：010-64518888 售后服务：010-64518899
网 址：http://www.cip.com.cn
凡购买本书，如有缺损质量问题，本社销售中心负责调换。

定 价：49. 00 元 版权所有 违者必究

前言

尽管从远古时期开始人类已经使用木材、棉麻、兽皮等天然高分子材料，但一般认为人类真正进入高分子时代要从 1920 年德国化学家施陶丁格发表标志着高分子科学诞生的论文《论聚合》之时算起。因此，高分子科学至今已经走过了一百余年的发展历程。高分子材料，又称聚合物材料，是指以聚合物或以聚合物为主，辅以各种添加剂等物质，经加工而成的材料。伴随着高分子科学的发展，高分子材料已经广泛应用于国民经济的各个领域和人们的日常生活，成为人类文明的重要组成部分。

从材料科学的角度来讲，高分子材料、金属材料和无机非金属材料并称为三大材料。相应地，"高分子材料"是材料科学与工程及相关专业的一门重要专业课程。需要指出的是，高分子材料与工程专业也设置有"高分子材料"课程，但同时还有高分子化学、高分子物理、高分子材料研究方法、聚合反应工程、聚合物加工工程等多门与高分子相关的专业课；而材料科学与工程及相关专业所设置的与高分子相关的专业课往往只有一门"高分子材料"。因此，不同于高分子材料与工程专业，材料科学与工程及相关专业的"高分子材料"课程需要将高分子化学、高分子物理、高分子材料、高分子加工等内容融为一体，更偏重于概论性质。

本书是编者在上海理工大学面向材料科学与工程和材料成型及控制工程两个专业十余年来讲授"高分子材料学"课程的基础上编写而成的。本书力求用有限的篇幅来展现高分子材料的基本知识，结构与性能，常见高分子材料的组成、性质和应用等，并注意介绍高分子材料的最新研究成果和发展趋势。全书内容分为 7 章，涵盖绪论、高分子材料的结构与性能、塑料、弹性体、聚合物基复合材料、功能高分子材料、高分子材料的可持续性发展等内容。本书可作为高等工科院校材料类专业和材料成型类专业本科生的教材，也可作为相关专业研究生的参考书。

本书编写的具体分工如下：第 1 章和第 5 章由邹华执笔，第 2 章、第 3 章（除 3.3 节外）由王霞执笔，第 4 章由李晓燕执笔，第 6 章由李颖执笔，3.3 节和第 7 章由邱碧薇执笔。全书由王霞提出编写框架，由邹华审读定稿。

本书的编写工作得到了上海理工大学"精品本科"系列教材建设项目的资助。在编写过程中，上海理工大学材料与化学学院和上海理工大学教务处给予了积极关心，在此一并表示衷心感谢！

由于编者水平和时间有限，书中不足和疏漏之处在所难免，敬请读者批评指正。

编者
2022 年 4 月于上海

目录

1

第1章 绪论

16

第2章 高分子材料的结构与性能

42　第3章　塑料

67　第4章　弹性体

117 第7章 高分子材料的可持续性发展

第 1 章

绪 论

　　材料是人类生产制造和生活所需的物质。材料是物质，但不是所有物质都可以称为材料。物质可以作为材料使用需要满足三个判据，其一为战略性判据，即从资源、能源、环保角度考虑，是否能为人类社会所接受；其二为经济性判据，是否具有经济效益、社会效益；其三为质量判据，从使用性能出发，判断是否能制备所需的物件。物质经过一定的工艺化过程，如铸造、焊接、机械加工、注塑成型、挤出成型、纺丝等，才能转变为具有用途的材料。

　　人类使用和制造材料已经有几千年的历史了。人类发展的历史证明，材料支撑着人类的文明，是社会进步的里程碑。因而，史学家用石器、青铜器和铁器作为人类文明发展的标志。20 世纪 70 年代，人们把能源、信息、材料归纳为现代物质文明的三大支柱。21 世纪以来，信息技术、生物技术、新能源技术、新材料技术等交叉融合，又引发了新一轮的科技革命和产业变革，给人类社会发展带来新的机遇。事实上，材料的品种和数量是衡量一个国家科学和经济发展水平的重要标志。

　　材料按照物理化学属性可分为金属材料、无机非金属材料、有机高分子材料和不同类型材料所组成的复合材料。从学科的角度来说，虽然人类从很早（新石器时代）就开始使用天然高分子材料，如动物的皮毛、木头、橡树树汁等，但真正作为一门科学，从宏观现象观察到微观本质探测，从经验性的认识到规律性的研究，则开始于 20 世纪 20 年代。所以，相对于传统材料如金属、陶瓷、玻璃等而言，高分子材料属于后起之秀，但其发展速度及应用范围远远超过了传统材料。作为一门新兴学科，高分子材料科学尽管只有百余年的历史，但已经成为国民经济和国防军工领域不可或缺的重要材料，在新材料的发展中十分引人注目。

1.1　高分子材料科学的基本概念

　　分子量在 10000 以上的化合物常被称作高分子化合物，简称高分子。高分子也可以称为聚合物（polymer）或大分子（macromolecule）。严格地说，聚合物、大分子两者并不等同。按照 IUPAC（International Union of Pure and Applied Chemistry，国际纯粹与应用化学联合会）命名委员会的规定，聚合物是指由许多相同的简单结构单元通过共价键重复连接而成。而大分子则是指那些仅是分子量大，但不一定有规律，并非由简单的重复单元连接而成的高分子，如蛋白质、DNA 等与生命、生物相关的物质。通常，高分子材料指的是聚合物材料。

聚乙烯（PE）是结构最简单的聚合物，由乙烯结构单元重复连接而成，其结构如下：

$$\begin{array}{ccccccc} & H & H & H & H & H \\ & | & | & | & | & | \\ -C- & C- & C- & C- & C- \\ & | & | & | & | & | \\ & H & H & H & H & H \end{array}-$$

由于端基只占高分子很小的部分，故可忽略不计。为方便起见，聚乙烯的分子结构式可写成：

$$\text{—} \! \left[\text{CH}_2 \text{—CH}_2 \right]_{\! n}$$

其中，—CH$_2$—CH$_2$— 是结构单元，也是重复结构单元（简称重复单元），亦称链节。上式中的 n 代表重复单元的数目，又称聚合度，是衡量聚合物链长度的一个指标。如果组成一个聚合物的结构单元数很多，增减几个单元对聚合物的物理性质不产生影响，一般称该聚合物为高聚物。如组成聚合物的结构单元较少，增减几个单元对其物理性质有明显影响，则称其为低聚物。谈及高分子材料时，所指的聚合物常常是高聚物。

能够形成聚合物中结构单元的小分子化合物称为单体，是合成聚合物的原料。由一种单体聚合而成的聚合物称为均聚物，如聚乙烯、聚丙烯（PP）、聚氯乙烯（PVC）等；由两种或两种以上单体共同聚合而成的聚合物称为共聚物，相应地有二元、三元、四元等共聚物，如氯乙烯和乙酸乙烯酯共聚合成的氯乙烯-乙酸乙烯酯共聚物。需要注意的是，在逐步聚合反应中，大多采用两种原料，但所得产物不能称为共聚物。例如，己二酸和己二胺聚合成的聚己二酰己二胺（尼龙-66），其结构式如下：

$$\text{H}\text{—}\!\left[\text{NH(CH}_2)_6\text{NH}\text{——CO(CH}_2)_4\text{CO}\right]_{\!n}\!\text{OH}$$

结构单元	结构单元

重复单元（链节）

其中，尼龙-66 的结构单元与重复单元不同，其重复单元由—NH(CH$_2$)$_6$NH—和—CO(CH$_2$)$_4$CO—两种结构单元组成。

低分子化合物通常有固定的分子量，但聚合物却是分子量不等的同系物混合物。聚合物分子量或聚合度是一个统计平均值，其分子量的不均一性亦称为多分散性，可用分布曲线或分布函数表示。根据统计平均的方法不同，有数均分子量、重均分子量、Z 均分子量、黏均分子量。

1.2　高聚物的基本特点

（1）分子量很大且具有多分散性

高聚物的分子量具有两个特点：一是具有比小分子化合物大得多的分子量，一般在

$10^4 \sim 10^7$ 之间；二是分子量不均一，具有多分散性。因此，高聚物的分子量只有统计意义。

分子量大是高聚物的根本性质。高聚物的许多性质和使用性能与其密切相关，如物理状态、力学性能、加工性能等。高分子一般为固体（表1.1），难溶甚至不溶，溶液黏度明显高于同浓度下的小分子化合物。长链结构的高分子分子间的相互作用力大，拉伸强度、熔融黏度分别随分子量的增大而提高（图1.1、图1.2）。如果高分子的熔融黏度过高，则难以成型，会给加工带来难度。

表 1.1　分子量与物理状态的关系

化合物	物理状态	分子量
CH_4	气体	16
$CH_3—CH_3$	气体	30
$CH_3—CH_2—CH_3$	气体	44
$CH_3—CH_2—CH_2—CH_3$	气体	58
$CH_3—(CH_2)_6—CH_3$	液体	114
$CH_3—(CH_2)_{30}—CH_3$	半固体	450
$CH_3—(CH_2)_{30000}—CH_3$	固体	420030

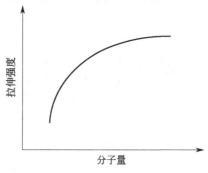

图 1.1　聚合物分子量与拉伸强度的关系

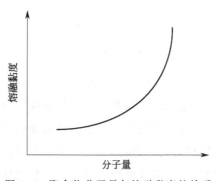

图 1.2　聚合物分子量与熔融黏度的关系

（2）分子形态结构复杂

高聚物通常具有链式结构，但其大分子链骨架的几何结构是很复杂的，即高聚物的重复单元可以通过共价键形成线型（linear）、支化、交联（或称网状）三种基本分子形态（图1.3）。需要注意的是，根据全国科学技术名词审定委员会公布的自然科学名词用法，在高分子化学中应使用"线型"一词，而不是"线形"和"线性"。支化还可进一步细分为短支链支化、长支链支化、星形、梳形、树枝状等（图1.4）。

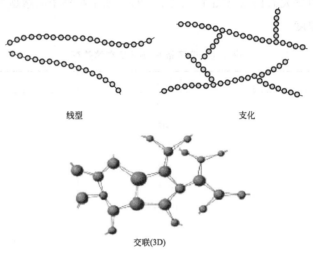

线型   支化

交联(3D)

图1.3 高分子链骨架的基本几何结构

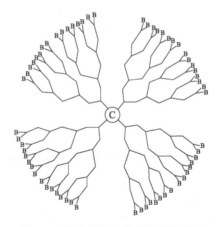

图1.4 树枝状高聚物分子链的形态

将具有最大尺寸且贯穿整个大分子的分子链称为主链；连接在主链上的除氢原子以外的原子或基团称为侧基；将具有一定长度的侧基（由某种单体聚合而成）称为侧链。若主链上带有一定数目长短不等的侧链则称为支化高分子链；如果支链的长度可以与主链相比拟，可以说这个聚合物没有主链，这就是所谓的星形高分子链。如果主链上带有长度几乎相同的支链，且在同一侧，形如一把梳子，则称为梳形高分子链。如果所有的高分子链之间都有化学键或短链相连，形成三维网状结构，整个高聚物就是一个分子量几乎无限巨大的"分子"，这就是高分子链的网状结构。对于网状结构高聚物，分子量没有意义。

（3）高分子链具有柔（顺）性

高聚物的柔（顺）性是指高分子链能够改变其构象的性质。这是高聚物许多性能区别于低分子物质的主要原因。柔性与长度相关，链短则刚，随着链长的增加，分子链具有了柔性，且柔性随链长度的增加而提高。

高分子链是由许多的结构单元通过共价键重复连接而成的，分子结构中具有大量的C—C单键。C—C单键是电子云呈轴对称性的σ键，在分子运动时，σ键上的两个C原子发生内旋转。C—C单键的内旋转对于小分子化合物没有什么意义，对含有成千上万C—C单键的高聚物而言却具有重要的作用。首先，C—C单键的内旋转使得高分子链具有许多不同的构象。其次，高聚物是一个长链结构，由于键角的限制和空间位阻效应，高分子链的单键内旋转是互相牵制的，一个键转动，必然会影响附近一段链的运动，这段链就被称为链段（图1.5）。高分子是由若干个链段串联在一起构成的。链段是高分子特有的运动单元，其长度与高分子链的柔性相关。柔性越大，链段越短。极端的情况是链段是一个键，或整条大分子链，即如果链段是一个键的长度，则说明这种链极端柔顺；如果链段是整个链的伸直长度，则说明这种链极端刚硬。通常，高聚物的链段长度介于这两种极端情况之间。

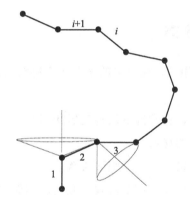

图1.5 高分子链的内旋转构象

当分子链中第2个键围绕第1个键发生内旋转时，它会带动与其相邻的化学键一起运动，这些受到相互影响的 i 个键就是链段

（4）分子热运动具有明显的特殊性

高分子的运动单元是多重的，通常按照单元大小分为大尺寸运动单元和小尺寸运动单元。大尺寸运动单元指整条分子链，小尺寸运动单元包括链段、链节、侧基、支链等。通常情况下，整条大分子链的运动是通过各个链段的协同移动实现的。

高分子运动的另一个特点是具有松弛特性，即具有时间依赖性。在外场作用下，物体从一种平衡状态通过分子运动过渡到另一种平衡状态所需的时间称为松弛时间。小分子化合物的松弛时间仅为 $10^{-8} \sim 10^{-10}$ s，几乎瞬间完成。对于高聚物来说，分子量大，分子间相互作用强，运动单元运动时所受的阻力就大，所以松弛时间比较长。另外，由于高分子运动单元的多重性，高聚物的松弛时间不是一个单一数值，而是分布很宽的一个范围，跨几个时间数量量级，可以看成是一个连续的分布，称为松弛时间谱。

温度依赖性也是高分子运动的一个特点。温度对高分子运动有着重要的影响，主要体现在两个方面：一是温度升高，各运动单元的热运动能量增加；二是温度升高，自由体积增加。任何运动单元运动除了能量以外，还必须有一定的自由空间，温度升高，自由体积增大，有利于运动单元运动。

对于高聚物，只有在温度高（大分子链运动）和温度低（链节及更小的单元运动）时，分子运动的温度依赖关系才符合阿伦尼乌斯（Arrhenius）方程。而在链段运动充分发展的温度范围内（室温上下几十度），分子运动的温度依赖性不符合阿伦尼乌斯方程，而是具有链段运动特有的温度依赖关系，即 WLF 方程：

$$A_t = \lg \frac{\tau(T)}{\tau(T_g)} = \frac{-17.4(T - T_g)}{51.6 + (T - T_g)} \tag{1.1}$$

式中，A_t 为平移因子；$\tau(T)$ 为温度 T 时链段运动的松弛时间；$\tau(T_g)$ 为温度 T_g 时链段运动的松弛时间。

由于高分子的分子运动既与时间有关，又与温度有关，因此，可以用"时-温等效原理"来描述，即观察同一松弛现象，升高温度和延长外场作用时间是等同的。

1.3　高分子材料的分类

高分子材料可以依据实际用途、聚合物的来源或主链结构进行不同的分类。

（1）按照实际用途分类

① 塑料　可加热塑化成型，在常温下保持其形状不变。

② 弹性体　具有橡胶弹性的材料。

③ 纤维　长径比高达 100 倍以上，纤细而柔软。

④ 涂料　涂布于物体表面形成坚韧的薄膜，起装饰和保护作用。

⑤ 胶黏剂　能将两种以上的物体连接在一起。

⑥ 复合材料　由增强相与聚合物基体组合而成。

⑦ 功能高分子材料　与常规聚合物相比具有明显不同的物理化学性质，并具有某些特殊功能。

（2）按照聚合物的来源分类

① 天然高分子材料　如由棉、毛制备的织物，由木材、麻制备的纸张等。

② 人造高分子材料　通过对天然高分子材料改性而来，如由纤维素改性产物硝酸纤维素所制备的赛璐珞等。

③ 合成高分子材料　由小分子原料经化学反应和聚合方法合成的聚合物所构成，如聚乙烯塑料、氯丁橡胶等。

（3）按照聚合物主链结构分类

① 碳链高分子材料　聚合物主链完全由碳原子组成，如聚乙烯塑料、聚苯乙烯（PS）塑料、聚四氟乙烯（PTFE）塑料等。

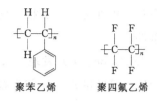

聚苯乙烯　　聚四氟乙烯

② 杂链高分子材料　聚合物主链除碳原子外，还含有氧、氮、硫等杂原子，如尼龙-66纤维、聚氨酯（PU）等。

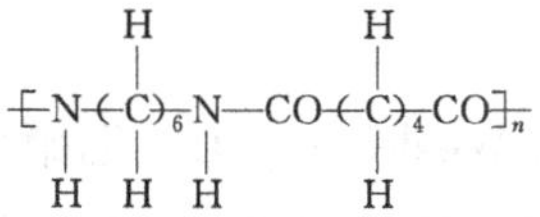

尼龙-66

③ 元素有机高分子材料　聚合物主链上没有碳原子，主要由硅、硼等原子组成，侧链为有机基团，如有机硅聚合物。

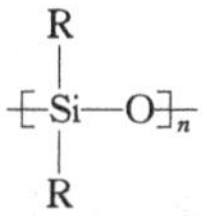

有机硅聚合物

1.4　高分子材料发展简史

我们生活在高分子或大分子的世界中。衣食住行所需要的材料，乃至生机勃勃的植物和动物都是由高分子或大分子组成的，甚至人类自身也与 DNA 和蛋白质等生物大分子密切相关。可以说人类利用高分子的历史和人类历史一样久远。但是，利用化学反应对天然高分子改性、人工合成高分子、高分子形成完整的科学体系，也才仅有百余年的历史。

1.4.1　天然高分子材料的使用和改性

天然高分子指没有经过人工合成，天然存在于动物、植物和微生物体内的大分子有机化合物，如动物的毛皮、木材、棉花、麻等。天然高分子材料具有来源广泛、价格低廉、绿色、清洁、可降解和可再生等优势。对天然高分子的利用始终伴随着人类的进化与发展。

新石器时代晚期，我国就把大漆用于食器、祭器上，史籍称"漆之为用也，始于书竹简，而舜作食器，黑漆之，禹作祭器，黑漆其外，朱画其内"。这一历史记载表明我国是世界上发现和使用大漆最早的国家。所谓大漆就是一种从漆树上采割下来的白色汁液，将其涂覆在物体表面，一旦接触空气则变色，数小时后固化生成漆皮。我们的祖先在栽培、采割、使用大漆等方面积累了丰富的经验，发展了漆树种植与用漆技术。

由于天然高分子材料一般加工性比较差，力学性能和耐环境性能等存在缺陷。为了拓展天然高分子材料的应用范围，提高其使用性能，人类很早就致力于天然高分子材料的改性。在该阶段，有许多重要的历史性事件。

1839 年，美国人固特异（Charles Goodyear）发现，天然橡胶与硫黄一起加热后，可以显著改善其遇热发黏软化、遇冷变硬发脆的缺点，并能大幅度提高天然橡胶的弹性和强度。硫化改性，解决了天然橡胶实用性差的问题，有力地推动了橡胶工业的发展。

1845 年，德国化学家舍恩拜（C. F. Schenberg）将棉花浸于硝酸和硫酸混合液中，然后洗掉多余的酸液，从而发明出硝酸纤维素，又称硝化纤维素，为人造塑料和人造丝的发明奠定了物质基础。

1869 年，美国人海阿特（John Wesley Hyatt）把硝化纤维素、樟脑和乙醇的混合物在高压下加热，制造出第一个人造塑料"赛璐珞"，其有假象牙之称。

1887 年，法国人夏尔多内伯爵（Count Hilaire de Chardonnet）用硝化纤维素的溶液进行纺丝，制造出第一种人造丝。

1.4.2　合成高分子材料的问世

人类首次从小分子化合物出发制备出真正的第一个合成聚合物，并加工成为材料的是酚醛塑料，其发明人为比利时裔美国化学家贝克兰德（Leo Baekeland）。

贝克兰德通过查阅文献发现，早在 1872 年，德国化学家贝耶尔（Adolf Von Vaeyer）曾将苯酚与甲醛混合，制得了一种难以溶解的树脂状物质，贝克兰德认为这可能是一个无价之宝。于是，贝克兰德对该树脂的合成进行了深入研究，得到了不同反应阶段的三种产物，称为 A 阶产物、B 阶产物、C 阶产物。当苯酚和甲醛反应到一定阶段，可以得到 A 阶产物，这种产物加热时呈液态，冷却后为很脆的固体；A 阶产物继续加热可得到 B 阶产物，其加热时变软，冷却后变得坚硬；再进一步加热 B 阶产物就可获得不熔不溶、十分坚硬的 C 阶产物。贝克兰德进而在酚醛树脂中加入木屑并加热、加压，模塑成各种制品，并命名为"贝克莱特（Bakelite）"。1907 年 7 月贝克兰德注册了 Bakelite 的专利。从这一天起，世界上第一种合成塑料——酚醛塑料诞生了，这标志着人类社会进入了塑料时代。于是人们把 1907 年视为塑料元年。1909 年，酚醛塑料投入了工业化生产。由于酚醛塑料是加了木屑的电绝缘体，所以也俗称电木。历史上第一个塑料电话外壳就是采用酚醛塑料制成的。

人类第一种合成纤维的出现时间相对较晚。1929 年在美国杜邦公司实验室，享有"美国最优秀的有机化学家"美誉的卡罗瑟斯（Wallace Hume Carothers）与助手合作，发现具有较高分子量的聚合物可以在熔融状态下牵拉成丝，冷却后得到更柔韧的高强度纤维。之后，卡罗瑟斯又与另外一个助手利用己二酸与己二胺制备了尼龙（Nylon）丝样品。1938 年10 月 27 日杜邦公司正式宣布世界上第一种合成纤维诞生了，这种纤维即尼龙-66。当时有报道称赞尼龙-66"像钢丝一样强，蚕丝一样美，蛛丝一样细"。尼龙-66 于 1939 年投入工业化生产，并在商业上获得了极大的成功，曾在人们的生活和第二次世界大战的军事方面发挥过重要的作用。

1.4.3 高分子学科理论基础的奠定

人类使用高分子材料，如大漆、天然橡胶、松香等已有几千年的历史。但是，真正认识高分子，对其结构、性能和应用进行研究，使其成为一门独立的学科则只有百余年的时间。

19世纪中叶开始，人类虽然对天然高分子物质有了一些认识，并通过化学方法进行改性，进而还发展了人工合成的高分子材料，但对这些产品的认识只是停留在"经验阶段"，缺乏理论解释和指导。例如，20世纪初，研究人员将天然橡胶裂解得到异戊二烯，但却不知它们之间是如何连接的，也不了解其末端结构，认为是二聚环状结构的缔合体。

随着研究人员不断地深入探索，越来越多的测定实验表明确实存在着一个分子量很大的大分子世界，一些小分子借助聚合反应可以形成大分子。在此，不得不提及德国化学家施陶丁格（Hermann Staudinger）。这位伟大的科学家经过近10年的研究，提出了系统的高分子理论，他认为：高分子物质是由具有相同化学结构的单体，经过化学聚合反应将化学键连接在一起而形成的大分子化合物。1928年，当施陶丁格在德国物理和胶体化学年会上宣布这一观点时，遭到了多数同行的反对。经过两年多的实验验证，当1930年施陶丁格再次在德国物理和胶体化学年会上阐明他的高分子理论时，同行们终于接受了他的观点。他在1932年出版了划时代的专著《有机高分子化合物-橡胶和纤维素》，创立了现代高分子科学的理论基础。1953年，施陶丁格荣获诺贝尔化学奖（表1.2）。

高分子概念的一个有力证据就是1.4.2中所提到的卡罗瑟斯发明的尼龙-66。它证明了缩聚反应理论，使高分子是由共价键结合的学说真正为人们所接受。后来，曾为卡罗瑟斯助手的弗洛里进一步完善了缩聚反应理论，系统地解释了聚合反应的链式机理和动力学问题，使化学家们找到解开高分子结构及其反应之谜的钥匙。弗洛里既是实验家又是理论家，为高分子科学理论的建立做出了重要贡献，他于1974年获得了诺贝尔化学奖（表1.2）。

表1.2　高分子领域的诺贝尔奖获得者

姓名	主要贡献	备注
施陶丁格 (Hermann Staudinger, 1881～1965)	1920年发表了《论聚合》(Berichite, 52, 1073, 1920)，认为聚合不同于缔合，聚合时分子靠正常的化学键结合起来。1922年提出了高分子是由长链大分子构成的观点，动摇了传统的胶体理论的基础。1929年建立了高分子黏度与分子量之间的定量关系式，即施陶丁格方程。1932年出版了《有机高分子化合物-橡胶和纤维素》，成为高分子科学诞生的标志。1947年主持编辑了《高分子化学》国际专业杂志。一生培养了许多高分子研究人才	德国化学家，高分子科学的奠基人。1953年获诺贝尔化学奖，颁奖词为"for his discoveries in the field of macromolecular chemistry"
齐格勒 (Karl Ziegler, 1903～1979)； 纳塔(Giulio Natta, 1898～1973)	1953年齐格勒以 $TiCl_4$-$AlEt_3$ 为催化剂，通过低压法合成了高分子量的乙烯聚合物（高密度聚乙烯，HDPE）。1954年纳塔把 $TiCl_4$ 还原成 $TiCl_3$ 后与烷基铝复合，成功地进行了全同聚丙烯的制备。纳塔与工业界紧密联系，将 Ziegler-Natta 催化剂迅速产业化，1954年和1957年高密度聚乙烯和全同聚丙烯分别实现了工业化，将高分子工业带入了一个崭新的时代	齐格勒，德国化学家；纳塔，意大利化学家。1963年二人联袂获得诺贝尔化学奖，颁奖词为"for their discoveries in the field of the chemistry and technology of high polymers"

姓名	主要贡献	备注
弗洛里 (Paul J. Flory, 1910~1985)	1936年用概率方法得到缩聚产物的分子量分布,现称弗洛里分布。1942年对柔性链高分子溶液的热力学性质提出混合熵公式,即著名的弗洛里-哈金斯理论。1965年他提出溶液热力学的对应态理论,适用于从小分子溶液到高分子溶液的热力学性质。1951年得出著名的特性黏数方程式。1953年就从理论上推断高聚物非晶态固体中柔性链高分子的形态应与θ-溶剂中的高斯线团相同,十几年后为中子散射试验所证实。1956年提出刚性链高分子溶液的临界轴比和临界浓度,建立了高聚物和共聚物结晶的热力学理论。所著《高分子化学原理》被称为高分子科学的"圣经"	美国化学家,既是实验家又是理论家,高分子科学理论的主要开拓者和奠基人之一。1974年获得诺贝尔化学奖,颁奖词为"for his fundamental achievements, both theoretical and experimental, in the physical chemistry of the macromolecules"
德热纳 (Pierre-Gilles de Gennes, 1932~2007)	研究领域十分广泛,横跨超导电性、液晶、聚合物等重要研究方向。提出了著名的"软物质"学说,从而推动了一门跨越物理、化学、生物三大学科交叉学科的发展。1974年出版了《液晶物理学》,成为该领域的权威著作和基准权威教材。1991年获诺贝尔奖后,热衷于科普工作,根据他的演讲稿出版了当代科普名著《软物质与硬科学》	法国科学家,被誉为"当代牛顿"。1991年获得诺贝尔物理学奖,颁奖词为"for discovering that methods developed for studying order phenomena in simple systems can be generalized to more complex forms of matter, in particular to liquid crystals and polymers"
黑格尔 (Alan J. Heeger, 1936~); 马克迪尔米德(Alan G. MacDiarmid, 1927~2007);白川英树 (Hideki Shirakawa, 1936~)	1976年三位化学家发现在掺杂碘及AsF_6后,聚乙炔的电导率提高了十个数量级,相当于金属铋的电导率,进入导体的范围。由此,开启了导电性高分子的时代	黑格尔,美国化学家;马克迪尔米德,美国化学家;白川英树,日本化学家。2000年三人联袂获得诺贝尔化学奖,颁奖词为"for the discovery and development of conductive polymers"

1.4.4 高分子材料的大发展

高分子理论的建立对于高分子材料工业的飞速发展发挥了无与伦比的作用。

进入20世纪40年代,乙烯类单体的自由基引发聚合发展很快,实现工业化生产的包括聚氯乙烯、聚苯乙烯、聚甲基丙烯酸甲酯(有机玻璃)等。

进入20世纪50年代,石油工业的大发展为高分子材料的合成提供了大量结构新颖且廉价的单体,从而带来了高分子材料工业的进步。以α-烯烃为例,1953年德国化学家齐格勒(Karl Ziegler)首次使用以铝、钛为主的有机化合物为催化剂,实现了常温常压下聚乙烯的合成。在齐格勒指导下,1955年世界第一个低压聚乙烯工厂建成了。齐格勒的研究成果启发了意大利化学家纳塔(Giulio Natta),他将改进后的Ziegler催化剂用于丙烯的聚合反应,获得了高产率、高结晶、耐高温的新型高分子材料——聚丙烯。1957年聚丙烯在意大利实现了工业化生产。Ziegler-Natta催化剂的创造,极大地促进了高分子材料技术的发展,获得了巨大的经济效益和社会效益。齐格勒和纳塔在1963年共同获得了诺贝尔化学奖(表1.2)。

进入20世纪60年代,新型通用高分子材料、工程塑料、耐高温高分子复合等特种高分子材料得到了很大发展,以满足航天航空业、汽车业等的需求。

1.4.5 功能及高性能高分子材料的快速发展

进入 20 世纪 70、80 年代后，合成聚合物的研究重点转移到了具有特殊功能的高分子材料、高性能高分子结构材料等方面。功能高分子材料在诸如光敏性高分子材料、高分子半导体、光导体、高分子分离膜、高分子试剂和催化剂、高分子药物等方面的研究和应用都取得了巨大的进展，特别值得一提的是导电高分子材料的发展。高分子材料可以导电，并不是天方夜谭。20 世纪 70 年代末，美国的黑格尔、马克迪米尔德和日本的白川英树发现，碘掺杂的聚乙炔导电能力达到了金属导电的水平。这一研究结果引起了世界瞩目，震惊了化学界和物理界，从而引发了世界性的研究热潮。导电高分子材料是一种性能优异的新型功能材料，除了可以作为电器元件外，还可用作二次电池的电极材料、防静电涂层、选择性气体分离膜，以及隐身材料。

高性能高分子结构材料是指以耐高温、力学性能优异、稳定性好、在较高温度下可连续使用为主要性能特征的一类合成高分子材料。其化学结构特点是分子结构中含有大量的芳环或芳杂环，分子链刚性较大，使其具有较高的耐温等级与机械强度。通常分为热塑性和热固性两种类型，主要品种有聚酰亚胺、聚芳醚酮、聚芳醚砜、聚苯硫醚、液晶聚合物和芳香尼龙等。高性能高分子结构材料可替代金属作为结构材料，或用作先进复合材料的基体树脂。

1.4.6 我国高分子材料领域的发展

我国高分子领域发展起步于 20 世纪 50 年代，老一辈科学家在科学研究和人才培养方面做出了开拓性的贡献，见表 1.3。

表 1.3 我国高分子领域的开拓者概况（以姓氏笔画为序）

姓名	在高分子领域的开拓性工作	备注
王佛松（1933～）	1950 年参与和主导了顺丁橡胶和异戊橡胶的研究、开发工作,发明了异戊二烯定向聚合稀土催化剂	1991 年当选为中国科学院学部委员(院士)
王葆仁（1907～1986）	1958 年在中国科技大学创建了高分子化学与物理学系,任首届系主任。50 年代开始对有机硅高分子、耐高温杂环高分子的合成及性能进行了广泛研究,并在应用方面做出了开拓性工作。率先在我国试制出第一块有机玻璃和第一根尼龙 6 合成纤维	中国高分子科学研究的开拓者和奠基人之一,开创了我国最早的高分子工业。1980 年当选为中国科学院学部委员(院士)
冯新德（1915～2005）	1949 年在国内率先开设了高分子化学课程——聚合反应。1953 年招收高分子化学研究生,1955 年培养了首批高分子专业毕业生。1958 年在北京大学成立了高分子化学教研室。长期从事高分子化学基础理论研究,涉及烯类自由基聚合与电荷转移光聚合以及接枝与嵌段共聚	中国高分子化学的开拓者之一。1980 年当选为中国科学院学部委员(院士)
沈之荃（1931～）	研发的三元镍系顺丁橡胶技术成为中国万吨级顺丁橡胶工厂聚合工艺的基础。在创建稀土络合催化聚合和开拓稀土化合物作为双烯烃定向聚合催化剂、炔烃聚合催化剂等方面做出了重要贡献	1995 年当选为中国科学院院士

姓名	在高分子领域的开拓性工作	备注
沈家骢(1933~)	从事聚合反应统计理论及微观动力学、透明聚合物树脂、超分子组装与功能、高分子信息材料、人工模拟酶、生物界面与聚合物仿生材料等方面的研究	1991年当选为中国科学院学部委员(院士)
何炳林(1918~2007)	1958年在南开大学主持建立了南开大学高分子学科,同年在何教授主持下建成了我国第一座专门生产离子交换树脂的南开大学化工厂,开创了我国自行研发的离子交换树脂工业	中国离子交换树脂工业开创者,被誉为"中国离子交换树脂之父"。1980年当选为中国科学院学部委员(院士)
林尚安(1924~2009)	从事聚烯烃优质材料合成及功能高分子研究	1993年当选为中国科学院院士
钱人元(1917~2003)	1953年开创了我国的高分子物理研究领域,开拓了中国高分子物理与有机固体电导和光导的应用基础研究。1958年在中国科技大学创建了高分子物理教研室,同年组织了全国性高聚物分子量测定学习班,讲课资料撰写成专著《高聚物的分子量测定》	我国高分子物理的开拓者与奠基人,为中国聚丙烯纤维工业的开发奠定了科学基础。1980年当选为中国科学院学部委员(院士)
钱保功(1916~1992)	在国内开创了合成橡胶、高分子辐射化学、高聚物黏弹性能和高分子固态反应等方面的研究	1980年当选为中国科学院学部委员(院士)
徐僖(1921~2013)	在高分子材料成型基础理论、高分子力学化学、辐射化学等领域具有重要贡献,是国际高分子力学化学的引领者之一。1960年,编著出版了中国高校第一本高分子教科书《高分子化学原理》。1964年,创办了中国高等学校第一个高分子研究所	中国高分子材料学科的开拓者和奠基人,被誉为"中国塑料之父"。1991年当选为中国科学院学部委员(院士)
唐敖庆(1915~2008)	1951年发表了我国第一篇高分子科学论文	中国现代理论化学的开拓者和奠基人,被誉为"中国量子化学之父"。1955年当选为中国科学院学部委员(院士)
黄葆同(1921~2005)	主要从事生漆结构和干燥机理、新高分子合成、乙丙橡胶新催化/活化体系研究等	1991年当选为中国科学院学部委员(院士)
程镕时(1927~2021)	长期致力于高分子溶液研究	中国高分子物理学科的主要奠基人之一。1991年当选为中国科学院学部委员(院士)

　　我国高分子材料的开发和综合利用起步较晚,但发展较快。高分子材料已经为我国的经济建设做出了重要的贡献,我国目前已建立了完善的高分子材料研究、开发和生产体系。据报道,2016年我国高分子材料总产量约为1.5亿吨,其中塑料制品产量为8173.8万吨,化学纤维产量为4944.7万吨,合成橡胶产量超过400万吨,涂料产量超过1300万吨,胶黏剂产量约为700万吨。2016年高分子材料制品总产值达到2.28万亿元,其中通用塑料占70%以上,广泛应用于包装、建筑、交通运输、农业和电子信息业等。2006～2017年我国塑料制品行业产量由2802万吨增长至7516万吨,总体保持增长趋势,年复合增长率为9.38%。尽管我国的高分子材料产量和消费量早已居世界首位,但我国并不是高分子材料的世界强国。因为与发达国家相比,我国无论在通用高分子材料还是在高性能高分子材料(如特种合成橡胶、高端工程塑料、特种合成纤维、功能性高分子材料等)方面都还存在差距。由于存在自主创新能力弱、劳动生产率低、科研成果难以转化成生产力等问题,技术含量越高差距越大。

为了应对国际竞争，赶上乃至超过西方发达国家，实现从"制造大国"向"制造强国"，从"中国制造"到"中国创造"的转变，国务院针对国情，站在国家战略的高度，发布了"中国制造2025"行动计划纲领。"中国制造2025"列出了包括新一代信息技术和新材料在内的十大优势和战略产业，作为优先发展目标和突破口，其中与高分子材料产业密切相关的领域和项目有十余项，包括：a. 高性能聚烯烃材料；b. 聚氨酯新材料；c. 氟硅树脂材料；d. 生物基合成材料；e. 生物基轻工材料；f. 特种工程塑料；g. 基于生物基纤维的先进纺织材料；h. 高性能分离膜材料；i. 高性能纤维及复合材料；j. 用于聚合物基太阳能电池的隔膜和黏结剂；k. 先进生物医用材料；l. 用于3D打印的智能生物医用可植入材料；m. 智能仿生材料；n. 用于海洋防腐、柔性电子领域和光电领域的石墨烯/高分子复合纳米新材料等。"中国制造2025"对高分子材料产业发展的具体目标极具挑战性，又蕴含重要的发展机遇。可以预测，在不远的将来，我国高分子材料工业有望迎头赶上世界先进水平。

1.5 高分子材料的展望

材料、能源、信息是当代科学技术的三大支柱，材料又是一切技术发展的物质基础。人类的生活和社会的发展离不开材料，而新材料的出现又推动了生活和社会的发展。虽然只有百余年的历史，但由于高分子材料所具备的优势，它的发展速度远远超过其他传统材料，如金属材料和无机非金属材料。按体积计，早在20世纪90年代，塑料的产量就远远地超过了金属材料。高分子材料的应用已涉及国民经济、日常生活和国防安全的各个领域，成为现代工业和高新技术的重要基石。

1.5.1 高分子材料的优势

高分子材料的发展速度不仅远远超过了其他材料，而且在许多应用领域，如机电、仪表、电子电气、汽车、航天航空等行业中大量取代了传统材料如金属等。高分子材料迅猛发展的原因如下。

① 高分子材料原料来源丰富，价格低廉。如炼油厂从石油中提炼汽油、柴油、润滑油等油品时产生的无法直接利用的废气、重油，焦炭厂炼焦时产生的废气、焦油，都是生产高分子材料最好的原料。另外，高分子材料的原料还可来自天然气、煤炭。为应对石油资源危机和建设生态文明，今后煤和可再生生物原料（纤维素、木质素、蚕丝、天然橡胶等）将成为高分子材料的主要原料。每年生长的植物中纤维素高达千亿吨，超过了现有石油的总储量，因此可再生生物原料既廉价又取之不尽。例如，从玉米淀粉中提取的直链淀粉分子，可用于制备淀粉基树脂，该树脂已用于食品包装、个人护理用品等方面。聚乳酸是当今研究、开发最多的生物树脂，它可以用于食品和饮料的软硬包装、服装、家纺、卫生保健等方面。

② 高分子材料具有很多优异的性能，如质轻、比强度高。常用塑料的密度为 $1g/cm^3$，是钢铁的 1/10。尼龙断裂强度是钢的 1/2，而密度是钢的 1/10，即同样强度的尼龙重量只是钢丝的 1/5，这对于要求减轻自重的空间飞行器意义重大。对于汽车来讲，每减少 425kg，每升汽油就可多行驶 1km，减少自重就是节约能源。高分子材料还易于加工成型：不需要像金属、陶瓷那样动辄需要几千度的高温，也不需要很多的手工劳动，加工方便、自动化程度高。另外，高分子材料不像陶瓷那样脆，却像它一样透明和耐腐蚀等。

③ 高分子材料生产能耗低、投资少、周期短、利润高。例如，聚苯乙烯：钢：铝的单位体积生产能耗比为 1：10：20。

1.5.2 高分子材料的发展趋势

随着人类社会的发展和科技的进步，对高分子材料提出了越来越多的要求。面对机遇和挑战，高分子材料必将不断地创新和开发。其发展趋势如下。

① 发展低成本、环境友好、原料来源多样化的高性能高分子材料。在强调进一步提高高分子材料的耐高温、耐磨、耐老化、耐辐射性以及机械强度等方面性能的同时，还要注重：扩大生产规模，降低成本；降低高分子材料对化石燃料的依赖性，使用可再生资源作为原料；提高高分子材料的可重复利用性；提高可降解性。

② 发展高性能的高分子结构复合材料。复合材料可以克服单一材料的缺点和不足，发挥组元材料的优点并产生协同效应，从而扩大材料的应用范围，提高材料的经济效益。复合材料作为新材料发展的一个重要方向，今后的研究包括：高强度、高模量的增强材料，如高性能聚合物纤维的开发；高强、高韧、高耐热性基体树脂的合成、制备技术；基体-增强材料界面性能的提高和评价方法的改进等。

③ 发展多功能复合化的高分子功能材料。功能高分子是高分子材料科学中充满活力的研究领域，在大力发展电磁功能高分子材料、物质传输和分离功能高分子材料、催化功能高分子材料、医用高分子材料、力学功能高分子材料等的基础上，力争"一材多用"，即不断发展具有多种复合功能的高分子材料，实现功能的多样化与复合化。

④ 高分子材料的精细化。随着电子信息技术的快速发展，要求所使用的材料进一步向精细化、超净化等方向发展。例如，光刻胶是微电子技术中微细图形加工的关键材料之一，特别是近年来大规模和超大规模集成电路的发展，大大促进了光刻胶的研究开发和应用。光刻胶是一种光敏性聚合物，为了提高图形的分辨率，满足新一代曝光技术，实现工业高效化生产等，对光刻胶提出了越来越高的要求，需要不断地发展。

⑤ 发展"分子水平"的智能高分子材料。从功能材料到智能材料是材料科学的一大飞跃。智能高分子材料赋予了高分子材料生命功能。由于高分子材料与具有传感、处理和执行功能的生物体有着极其相似的化学结构，适合制造与生物体功能相似的智能材料及其体系。因此，其研究和开发是一项重要的、具有挑战性的课题。自 20 世纪 80 年代以来，智能高分子材料研究开发已取得了一定的进展。若能在分子水平上研究高分子的光、电、磁等行为，

并揭示分子结构与光、电、磁行为的特性关系，将促进新一代智能高分子的出现。智能高分子材料的研究是新材料、分子原子级工程技术、人工智能等诸多学科交叉融合的产物，对其研究开发需要多学科协同完成。

参考文献

［1］　何平笙. 新编高聚物的结构与性能.2 版.北京：科学出版社，2021.

［2］　顾雪蓉，陆云.高分子科学基础.北京：化学工业出版社，2003.

［3］　张春红，徐晓冬，刘立佳.高分子材料.北京：北京航空航天大学出版社，2016.

［4］　欧阳建勇.导电高分子的最新进展.物理学报，2018，34（11）：1211-1220.

［5］　崔毅杰，宋盛菊，屈小中，黄继军.中国制造 2025 视野下高分子材料产业发展的再思考与展望.工程研究，2017，9（6）：568-576.

［6］　史东梅，张雷.高性能高分子生物材料发展现状及对策.科技中国，2019，8：9-12.

第2章

高分子材料的结构与性能

结构是指组成物质的不同尺度结构单元的空间排布，其与分子运动相关，是了解分子运动的基础。分子运动是分子内、分子间相互作用的表现，而分子内、分子间的相互作用是聚合物性质的决定因素。因此，研究高分子结构的意义在于了解分子运动，以建立结构与性能间的关系，并为聚合物的分子设计和材料设计奠定科学基础，从而合成具有指定性能的聚合物，或对现有聚合物进行高性能化。

与小分子化合物相比，高分子最大的特点是"大"，它是由很大数目（$10^3 \sim 10^5$）的结构单元（每一个结构单元可相当于一个小分子）以共价键相连而成的。高分子的"大"使得其在分子运动上与小分子化合物具有本质差别，因而形成了高分子特有的结构与性能。

2.1　高聚物的链结构

2.1.1　结构单元的键接方式

键接结构是指结构单元在高分子上的键接方式。结构对称的单体聚合生成的高分子，如聚乙烯，结构单元的键接方式只有一种。具有不对称取代基的单烯类单体（$CH_2 \!=\! CHR$）在聚合过程中，结构单元在高分子链上的键接方式比较复杂。若将不带取代基的一头称为"头"，带取代基的一头称为"尾"，结构单元的键接方式就有头-尾键接、头-头键接、尾-尾键接三种：

由于存在能量和位阻效应，高聚物以头-尾键接为主，夹杂少量的头-头键接或尾-尾键接。

结构单元的键接方式对高聚物的性能有明显影响。例如，采用聚乙烯醇（PVA）缩醛化制备维尼纶（聚乙烯醇缩甲醛，PVF）纤维时，只有头-尾键接的聚乙烯醇可与甲醛缩合生成聚乙烯醇缩甲醛，如果是头-头键接的，羟基就不易缩醛化，使产物中仍保留一部分羟基。羟基的存在会影响维尼纶的强度，并导致缩水性增加。

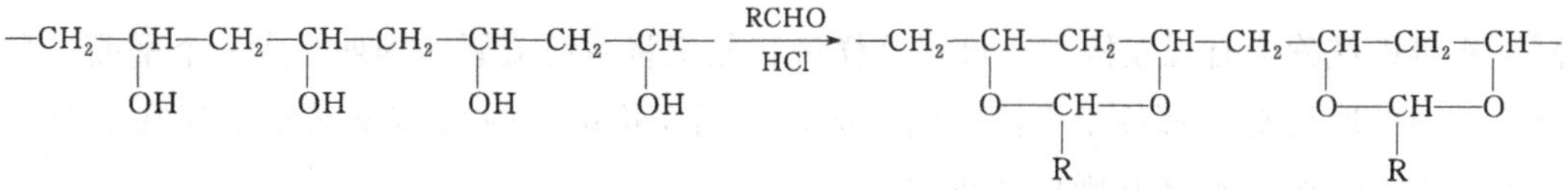

头-尾键接 PVA   PVF

2.1.2　结构单元的空间排列方式

（1）几何异构

若大分子链上存在双键，则双键所连原子或基团的排列方式存在顺式、反式构型。凡双键所连的原子或基团处于双键的同侧，则为顺式构型；若双键所连的原子或基团位于双键的两侧，则为反式构型。天然橡胶是顺式聚异戊二烯，古塔波胶是反式聚异戊二烯。顺反构型不同，性能截然不同。天然橡胶常温下柔软，是优异的弹性体；而古塔波胶由于大分子结构比较规整，结晶度较高，常温下比较坚硬，可作为塑料使用。

聚异戊二烯的两种构型：

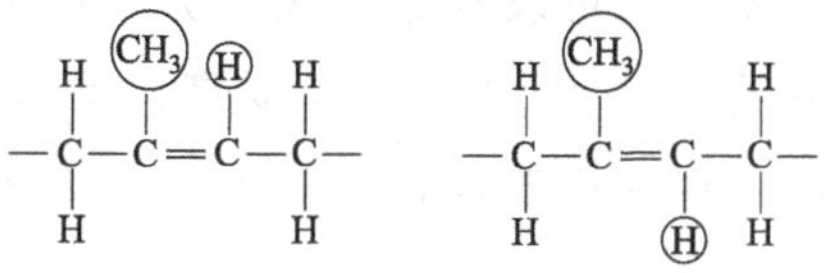

顺式构型　　　　　　反式构型

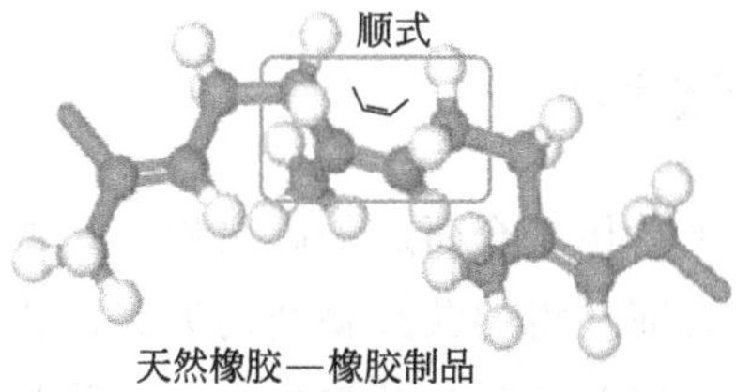

天然橡胶—橡胶制品

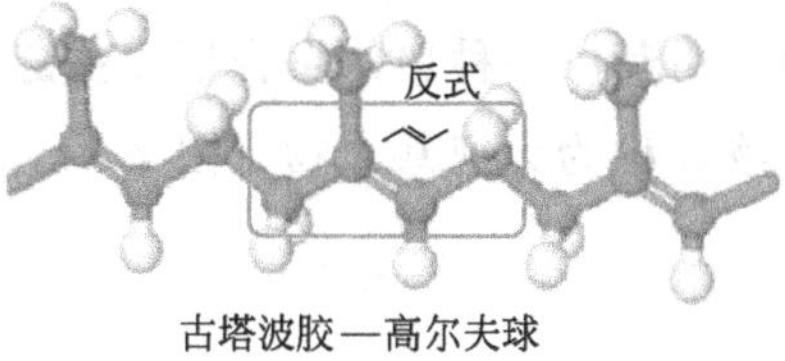

古塔波胶—高尔夫球

（2）立体（旋光）异构

由不对称碳原子存在于大分子链中而引起的异构现象称为立体异构。不对称碳原子（C*）是指碳原子所连接的四个原子或基团各不相同，也称为手性碳原子。由于不对称碳原子的存在，就构成了两种互成镜像关系的左旋（l）和右旋（d）构型。对于重复单元为—CH$_2$—C*HR—类型的聚合物，每一个结构单元均含有一个不对称碳原子 C*，当分子链中所有不对称碳原子 C* 具有相同的 l 或 d 构型时，就称为全同（或等规）立构；l 和 d 构型严格地交替出现，就称为间同立构；l 和 d 构型任意排列，就称为无规立构。全同立构和间同立构可以统称为有规立构。也可以这样说，假定将主链碳原子排列看成一个平面，则全同立构链中的取代基 R 都位于平面的同一侧，间同立构链中的 R 基交替地出现在平面的两侧，而无规立构链中的 R 基则任意排列。

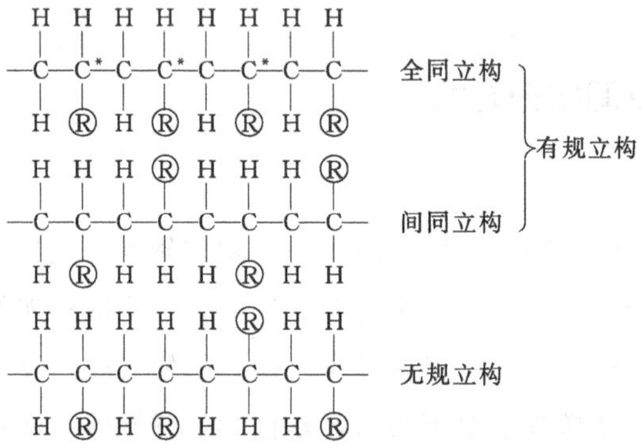

高分子的立体构型不同，材料的性能也不同。有规立构链的构型规整，可以提高高分子链在空间的规整排列，因此其结晶性好，且分子链越规整，结晶性能越好。高聚物的结晶度高，不仅提高了其密度，还可改善它的物理力学性能。例如，使用 Ziegler-Natta 催化剂生产的聚丙烯，等规立构体占 95%，结晶度高，是具有优良性能的高分子材料，可用作管材、薄膜和纤维。而无规立构的聚丙烯则是一种没有实用价值的橡胶状非晶态物质。

2.1.3 共聚物类型及序列结构

共聚物是由两种或两种以上单体聚合而成的高聚物，其高分子链存在不同单体单元的键接序列问题。以由两种单体聚合而获得的共聚物结构为例，若共聚物中两种单体单元严格地交替出现，即为交替共聚物；嵌段共聚物是共聚物中每一种单体单元均以一定长度的顺序交替键接；接枝共聚物则是共聚物中其中一种单体聚合形成主链，另一种单体形成侧链；两种单体无规律地键接形成的聚合物，称为无规共聚物（图 2.1）。

2.1.4 支化与交联

如 1.2 节（2）小节所述，聚合物大分子链骨架的几何结构可以分为线型、支化和交联

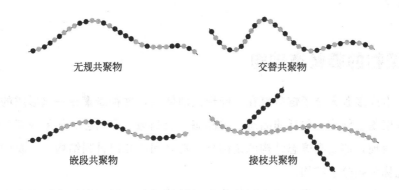

图 2.1　共聚物序列结构示意图

三种。大多数聚合物的分子链是线型的，或卷曲或伸展，这取决于分子本身的柔顺性及外部
条件。聚合物支链结构是指大分子主链上带有一些长短不一的支链，星形高分子链（分辨不
出主链，且所有支链长度几乎一致）、梳形高分子链（一条主链上键接一些几乎同等长度的
支链，且支链均分布在同一侧）、树枝状高分子链（球形，结构规整，高度支化的三维纳米
尺寸大分子）也属此类。

　　一般来说，支化结构对高聚物的物理力学性能有不良的影响。短支链主要影响结晶
性能，而长支链与黏弹性和熔体流动性有关。以聚乙烯为例，高压下由自由基聚合得到
的低密度聚乙烯（LDPE）为支化高分子，分子链上具有大量的长、短支链。采用 Ziegler-
Natta 催化剂，低压下制备的高密度聚乙烯（HDPE）属于线型结构，只有少量的短支链。
两者的化学组成相同，但其结晶性、密度、熔点、力学性能等存在很大差异，详见
表 2.1。

表 2.1　低密度聚乙烯与高密度聚乙烯的性能比较

性能	LDPE	HDPE
密度/(g/cm^3)	0.91 ~ 0.92	0.94 ~ 0.96
结晶度(X 射线法)/%	60 ~ 70	95
熔点/℃	105 ~ 115	131 ~ 137
拉伸强度/MPa	7 ~ 15	21 ~ 37

　　树枝状高分子的出现改变了高分子链支化会给高聚物物理力学性能带来不良影响的传统
观念。虽然树枝状高分子具有高度支化结构，但并没有因为其超支化产生上述的负面效应，
反而因结构的规整性、纳米级尺寸等，在相同分子量时树枝状高分子的流体力学体积更小，
分子更紧密，黏度也小，更有利于加工。

　　大分子链之间通过支链或化学键相连接，形成一个分子量无限大的三维网状结构的过程
称为交联（或硫化），形成的立体网状结构称为交联结构。交联后，整个材料可以看作是一
个大分子。线型高分子链转变成网状高分子后，既不能溶解在任何溶剂中也不能发生熔融，
力学强度、耐热性、耐溶剂性、尺寸稳定性等也会得到大幅度提高。热固性塑料、硫化橡胶

属于交联高分子。

2.2 高聚物的凝聚态结构

高聚物是由许多条大分子链凝聚在一起形成的体系，这种凝聚在一起形成的结构泛称为凝聚态结构或聚集态结构，包括非晶态、结晶态、液晶态、取向态。如果说高分子链结构是分子内作用的表现，那么凝聚态结构就是高分子链之间的几何排列结构，反映的是分子间的相互作用，也称为超分子结构。

与小分子化合物不同，高聚物主要是作为材料使用的，因而它们的物理力学性能更受关注。对于高聚物，其物理力学性能不完全取决于它们的化学结构，更多地是取决于在加工成型过程中形成的聚集态结构。因此，研究高聚物的凝聚态结构，了解凝聚态结构的特征、形成条件及其与材料使用性能之间的关系是非常重要的，可以为聚合物的物理改性和进行材料设计提供科学依据。

2.2.1 高分子链间的相互作用

高分子间的相互作用与小分子间的相互作用有明显的差别，突出表现在高分子间的相互作用力非常大，导致高聚物的凝聚态结构与小分子物质不同，高聚物没有气态。对于小分子化合物来说，分子内为共价键，分子间存在范德华力和氢键。范德华力没有方向性和饱和性，作用能比化学键（离子键、共价键、金属键）键能小 $1\sim2$ 个数量级（表 2.2），作用范围大于化学键，在几百皮米范围内，与化学键相比属于长程力。范德华力的本质是静电作用，包括两部分：一是吸引力，包括偶极力、诱导力、色散力；二是排斥力，当分子间的距离小于两者的范德华半径（原子或基团范德华吸引力作用的范围）之和时，分子间产生排斥力。实际分子间的范德华力应是吸引作用和排斥作用之和。其中，偶极力是存在于极性分子间的作用力；诱导力是极性分子的永久偶极与其他分子上的诱导偶极之间的作用力；分子瞬时偶极之间的作用力是色散力，非极性分子间主要是色散力。氢键则是极性很强的 X—H 键上氢原子，与另外一个键上电负性很大的原子 Y 上的孤对电子相互吸引而形成的一种键（X—H···Y），它具有方向性和饱和性。

表 2.2　小分子的相互作用力

共价键键能 /(kJ/mol)	范德华力作用能/(kJ/mol)			氢键键能 /(kJ/mol)
	偶极力	诱导力	色散力	
$100\sim900$	$13\sim21$	$6\sim13$	$0.8\sim8$	$\leqslant40$

存在于高分子链内和高分子链间的作用力本质上与小分子的相同。高分子链中各个原子依靠共价键结合形成长链结构，这种化学键为分子内相互作用力。大分子链间存在范德华力和氢键，一些极性较大的高分子链如聚氯乙烯、聚乙烯醇、聚丙烯腈（PAN）等，链之间的

作用力主要是偶极力；而聚乙烯、聚丙烯等非极性高分子链间的作用力主要是色散力。氢键可以在高分子链间形成，如尼龙-66、聚氨酯；也可以在分子内形成，如纤维素。

高聚物的分子量很大，一般在 $10^4 \sim 10^7$。一条大分子链的结构单元有成千上万个（$10^3 \sim 10^5$），如果每一个结构单元相当于一个小分子，那么每两个结构单元之间的相互作用力就相当于两个小分子之间的作用力，高分子链间的相互作用力应该等于链结构单元的作用力与链结构单元个数的乘积。那么，大分子链间的相互作用力总和远远超过组成高分子链的化学键键能（表2.3），且随分子量的增大而提高。高聚物没有气态，只有固态和液态。其原因就是在加热高聚物时，由于高分子间的相互作用能很大，远远超过了组成高分子链的共价键键能，当能量还不足以克服分子间的相互作用时，主链上的共价键已先被破坏了，发生了热分解。即用升温的方法不可能使高分子链之间发生分离而气化成孤立的高分子链，因为这样所需的温度远远高于高聚物的分解温度。

表 2.3　部分共价键的键能

共价键	键能/(kJ/mol)	共价键	键能/(kJ/mol)
C—C	347	C—N	293
C＝C	615	C＝N	615
C—H	414	C≡N	891
C—O	351	C—S	259
C＝O	715	C—Cl	331
C—Si	289	N—H	389
C—F	486	Si—O	368

在高聚物中，分子间作用力起着极其重要的作用。高聚物分子间相互作用力的强弱通常采用内聚能密度（CED）来表示，它是描述分子间作用力的重要物理量。内聚能（ΔE）是指克服分子间的作用力，把 1 mol 液体或固体的分子分离到分子引力以外范围所需要的能量。单位体积液体或固体的内聚能称为内聚能密度，即 $\Delta E/V$，其中 V 为高聚物的摩尔体积。表2.4给出了部分高聚物的内聚能密度。高分子材料的许多基本性质、使用性能，如溶解度、黏度、强度等都受分子间作用力影响，也就是与高聚物的内聚能密度有关。分子链上有强极性基团，或分子链间易形成氢键的高聚物，如尼龙-66、聚丙烯腈等，分子间作用力大，内聚能密度可以高达 400 MJ/m^3 以上，这类高聚物具有较好的力学强度和耐热性，可用作纤维材料。内聚能密度在 300～400 MJ/m^3 的高聚物，分子间作用力居中，一般作为塑料使用。非极性高聚物的内聚能密度小于 300 MJ/m^3，分子间作用力主要是色散力，较弱，加之大分子链的柔顺性好，可作为弹性体使用。唯一的例外是聚乙烯。聚乙烯是非常柔软的大分子链，但由于它的链结构简单对称，特别容易排列整齐形成结晶而失去弹性。所以，聚乙烯是作为塑料而非作为弹性体使用。

表 2.4　部分高聚物的内聚能密度

高聚物	$CED/(MJ/m^3)$	高聚物	$CED/(MJ/m^3)$
聚乙烯	259	聚甲基丙烯酸甲酯	347
顺-聚异戊二烯	280	聚氯乙烯	380
聚丁二烯	276	聚对苯二甲酸乙二醇酯	477
丁苯橡胶	276	尼龙-66	773
聚苯乙烯	305	聚丙烯腈	991

对于高聚物，由于其不存在气态，故不能如小分子般直接通过测定汽化热来求得内聚能密度，只能通过理论估算，或采用溶胀平衡法、溶解度参数法间接测定。

2.2.2　高分子的结晶态结构

（1）高聚物结晶的不完善性

柔软且细而长的高分子链可以在三维空间规整排列，形成聚合物结晶，X 射线衍射证明了它们存在三维有序的点阵结构。但是由于长链结构下分子间作用力大，且各部分互相牵制，整条大分子链在一定条件下完全排入晶格内是相当困难的，因此高聚物的结晶有其自身的特点，即不完善性。也就是说，结晶高聚物同时含有晶区和非晶区。

高聚物结晶的不完善性通常用结晶度来表征。结晶度指晶区部分所占的质量（或体积）百分数。测量结晶度的方法很多，如 X 射线衍射法、红外光谱法、密度法等。不同方法测得的高聚物结晶度数据有所不同。因此，在给出某种高聚物结晶度时，需要指明测量方法。

（2）高聚物晶态结构模型

对于高聚物的结晶态，人们已经提出了很多结构模型。其中，两种主要模型为两相结构模型和折叠链模型。

①两相结构模型。两相结构模型又称缨状微束模型（图 2.2），是 20 世纪 40 年代 Bryant 提出的。他认为，结晶聚合物中晶区与非晶区互相穿插，同时存在；一条分子链可以穿插好几个晶区与非晶区；晶区中的分子链互相平行排列成规整结构；晶区尺寸比分子链

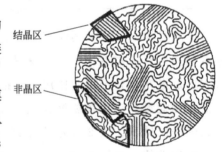

图 2.2　晶态高聚物的缨状微束模型

的长度小很多，且无规取向。此模型很好地解释了：晶态高聚物在 X 射线衍射图中除了有代表晶态的衍射环，还有代表非晶态的弥散环；晶态聚合物熔融有很宽的熔限等实验事实。但是，此模型不能很好地解释高分子单晶和球晶的结构特性。

② 折叠链模型。1957 年，Keller 根据聚乙烯单晶的实验事实，提出了折叠链模型。Keller 认为，聚合物结晶中分子链以折叠的带状形式堆砌起来，且高分子链是近邻规整折叠［图 2.3（a）］。随后，Fisher 在此基础上提出了近邻松散折叠链模型，他认为折叠处可能是一个松散而不规则的环圈［见图 2.3（b）］。另外，还有人认为规整折叠与松散折叠两种

模型只不过是折叠链结构的两种基本形式，实际情况可能都存在。而且，一条分子链不一定全部在一个晶片中折叠，也可以在一个晶片中折叠后再进入另一个晶片中折叠，即跨层折叠［图 2.3（c）］。

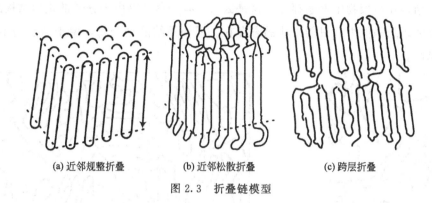

（a）近邻规整折叠　　（b）近邻松散折叠　　（c）跨层折叠

图 2.3　折叠链模型

高聚物的结晶模型还有隧道-折叠链模型、插线板模型等。迄今还没有一个模型可以用来描述所有高聚物结晶过程中分子链的行为。

（3）高聚物结晶形态

高聚物的结晶形态非常丰富。因结晶条件等的不同，生成的高聚物晶体呈现出不同的形态，如单晶、球晶、树枝状晶、伸直链晶、纤维晶、串晶等。

（4）结晶对高聚物性能的影响

结晶对高聚物性能有着重要的影响。化学结构相同的高聚物，因结晶度不同，物理力学性能往往有很大差异。由于晶区分子链排列趋紧密，孔隙率下降，分子间作用力增加。因此随着结晶度的增大，高聚物的密度、硬度、使用温度、拉伸强度等会提高，相应高聚物的溶解性、透气性、透明度、扯断伸长率、韧性等也会降低（表 2.1）。

2.2.3　高分子的非晶态结构

高聚物的非晶态指的是对 X 射线衍射无清晰点阵图案，分子链排列呈无序的聚集状态。关于非晶态聚合物结构，由于研究方法、手段有限，至今还没有完全的定论，具有代表性的是无规线团模型和折叠链缨状微束粒子模型。

1949 年，弗洛里根据统计热力学的观点提出了非晶态结构高聚物的无规线团模型（图2.4）。弗洛里认为，对于柔性非晶态高分子链，分子链的构象都与在溶液中一样，呈无规线团状，每个分子线团的直径正比于其链段数的平方根，不同分子链之间相互无规缠结，每个分子线团内都存在许多相邻分子的链段。因此，非晶态聚合物的凝聚态结构是均相结构，许多物理性能呈各向同性。

叶叔菡（G. S. Y. Yeh）于 1972 年提出了折叠链缨状微束粒子模型（图 2.5），又称为两相球粒模型。叶叔菡认为，非晶态聚合物中存在一定程度的局部有序，由粒子相和粒间相两部分组成。粒子相又分为分子链段相互平行规整排列的有序区，和由折叠链的弯曲部分、链端、连接链和缠结点构成的粒界区两部分。有序区尺寸 2~4 nm，粒界区尺寸 1~2 nm。粒间相则是由无规线团、低分子物、分子链末端和连接链组成，尺寸约为 1~5 nm。在此模型中，一条分子链可以穿过粒子相和粒间相。

非晶态结构在高聚物中普遍存在。这是因为，有些聚合物由于分子链化学结构缺乏规整性，固有地缺乏结晶能力，只能以非晶态存在。即使是结晶聚合物，由于结晶的不完善性，也存在非晶区。

图 2.4　无规线团模型

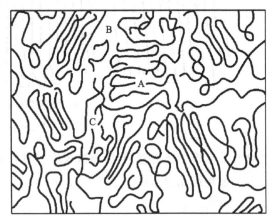

图 2.5　折叠链缨状微束粒子模型

A—有序区；B—粒界区；C—粒间相

2.2.4　高分子的液晶态结构

液晶态是物质的一种存在形态，是介于液相（非晶态）和晶相之间的中间相。其物理状态为液体，而内部结构具有与晶体类似的有序性，物理性质呈现各向异性。液晶是自然界的两大基本原则流动性和有序性的有机结合。"流动的晶体"是对液晶非常形象的称呼。

能形成液晶的物质通常都具有刚性的分子结构；分子的长径比很大，呈棒状或近似棒状的构象；还具有在液态下维持某种有序性所需要的凝聚力（如强极性基团、可高度极化的基团、氢键等）。导致液晶形成长径比很大的刚性结构部分称为液晶基元，也可称为致晶单元、液晶元。液晶有三种不同的结构类型：向列型、近晶型、胆甾型（图 2.6）。向列型液晶中棒状分子排列呈一维有序，它们互相平行排列，但重心排列则无序。在外力作用下发生流动

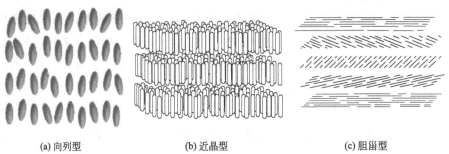

(a) 向列型　　　　　　　　(b) 近晶型　　　　　　　　(c) 胆甾型

图 2.6　三种结构类型液晶示意图

时，棒状分子容易沿流动方向取向，并可在取向方向互相穿越。因此，向列型液晶的宏观黏度比较小。近晶型液晶最接近结晶结构，并因此而得名。棒状分子互相平行排列成层状结构，在层内分子保持大量二维固体有序性，棒状分子可在本层内流动，但不能跨层运动。这类液晶的黏滞性很大，属于胆甾型液晶的物质中，许多是胆固醇的衍生物，故胆甾型成为了这类液晶的总称。胆甾型液晶中，扁平的长形分子彼此平行排列成层状结构，相邻两层间，分子长轴的取向依次规则地扭转一定的角度，层层累加形成螺旋结构，长轴方向在旋转360°后复原。两个取向相同的分子层之间的距离，称为胆甾型液晶的螺距，是表征这类液晶的重要参数。

高分子液晶是在一定条件下能以液晶态存在的高聚物，其中液晶基元是高分子结构单元的一部分，它与其他分子链段形成高分子链。高分子液晶的种类很多，根据形成液晶的条件，可分为热致型液晶（通过加热熔融，在某一温度范围内成为液晶态）、溶致型液晶（溶于某种溶剂，在一定浓度范围内形成液晶态）、压制型液晶（在一定的压力下形成液晶态）、流致型液晶（施加流力场后呈现液晶态）等。按照分子结构，可分为主链型液晶（液晶基元位于主链）和侧链型液晶（液晶基元位于侧链）。依据液晶基元的键接方式，可分为尾接型液晶、腰接型液晶等（图 2.7）。

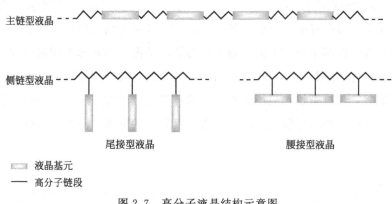

图 2.7　高分子液晶结构示意图

高分子液晶的特异性质已获得广泛的应用。例如，美国杜邦公司在 20 世纪 60 年代，采用聚对苯二甲酰对苯二胺（PPTA）这一棒状高分子液晶，利用其流变学特性，即高浓度、低黏度和低切变速率下的高取向度特性，进行纤维加工，制备了商品名为"Kevlar（凯芙拉）"的高强度、高热稳定性、低侵蚀性的聚合物纤维。至今，高分子液晶材料不仅在结构材料方面（高性能纤维材料、液晶自增强材料）获得了重要的应用，在功能材料，如信息显示材料、光学记录材料、储存材料、精密温度显示材料及生命科学材料等方面也备受关注，成为了研究热点。

2.2.5　高分子的取向态结构

高聚物的长链结构具有显著的不对称性。在外力场（如拉伸力）作用下，高分子链容易发生取向，即分子链、链段或结晶聚合物的晶粒、晶片等沿外力方向平行排列，取向形成的聚集态结构称为高分子的取向态。与取向前材料性能的各向同性相比，取向后高分子材料的性能呈现各向异性。例如，拉伸强度沿取向方向明显增强，而沿垂直取向方向则降低。又如取向的高分子材料呈现双折射现象，即与取向平行和垂直的两个方向上的折射率不同。

虽然都与高分子的有序排列有关，但取向态与结晶态不同。取向态是一定程度上的一维或二维有序，而结晶态则是一定程度上的三维有序。另外，结晶态是自发进行的，是热力学稳定的。而取向是需要在外力场作用下进行的，一旦外力场除去，分子热运动使高分子链自发回复无序状态，发生解取向。因此，取向态属于热力学不稳定的非平衡状态。为了使高分子材料的取向态相对稳定，必须把环境温度降低到玻璃化温度以下，冻结整链和链段的运动。但是高分子的分子热运动是一个松弛过程，随着时间的延长，解取向仍然会发生。

按取向方向不同，高分子材料的取向可分为单轴取向和双轴取向（图 2.8）。最典型的单轴取向就是合成纤维的定向拉伸。在合成纤维纺丝时，对喷丝孔喷出的丝要拉伸若干倍，使高分子链沿着拉伸方向进一步取向，纤维的强度和模量会得到大幅度提高。对于单轴取向的薄膜，利用其平行于取向方向和垂直于取向方向上强度的不同，可用作商品包装。因为在某一方向上的撕裂强度很小，包装开封十分便利。单轴薄膜拉伸还可用来制备裂膜纤维。如把 PP 薄膜沿一个方向高度拉伸，在拉伸方向上的薄膜强度非常高，但垂直方向上就非常容易被撕裂，从而形成裂膜纤维，这就是现在市场上大量使用的塑料捆扎带。

双轴取向一般是沿两个垂直方向上施加外力场，是提高塑料薄膜或薄片力学性能的一种重要方法。双轴拉伸制品相比于未拉伸的制品，具有较高的拉伸强度和冲击韧性。如经双轴拉伸的有机玻璃板，其抗裂纹扩展能力明显提高，即使被子弹打中，也不会碎裂，可用作防爆材料。另外，双轴拉伸的薄膜还可用作性能要求很高的电影片基和录音磁带、录像磁带的带基。

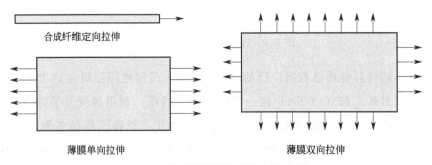

合成纤维定向拉伸

薄膜单向拉伸

薄膜双向拉伸

图 2.8　高分子材料拉伸取向示意图

取向对高分子材料的性能有很大影响。取向度是反映高分子材料经外力场作用后的取向程度，其与材料的物理性能密切相关。因此，了解取向材料的取向度对于研究材料结构与性能的关系及其应用都非常重要。可以利用取向材料的各向异性测定其取向度，具体方法有声波传播法、光学双折射法、广角 X 射线衍射法、红外二向色性法和偏振荧光法等。

2.3 高聚物的力学状态

物质的物理状态从热力学角度可以划分为不同相态，即固相、液相、气相；从动力学角度可以划分为不同凝聚态，即固态、液态、气态。物质对外场，特别是外力场的响应特性，即物质的力学性能随温度变化的特性，可称为物质的力学状态。小分子化合物的力学状态可分为固体（具有一定的体积和形状）、液体（具有一定的体积但无确定的形状）、气体（既无确定的体积也无确定的形状）。但是高聚物的力学状态与小分子化合物有很大区别，这是因为高聚物是由很大数目（$10^3 \sim 10^5$）的结构单元（每一个结构单元可相当于一个小分子）以共价键相连而形成的长链结构。高聚物没有气态。不是所有的高聚物都能够结晶，即使是结晶高聚物，其结晶也存在不完善性，即晶态与非晶态共存。根据力学性能随温度变化的特征，非晶态高聚物的力学状态划分为玻璃态、高弹态和黏流态。其中，高弹态是高聚物所特有的力学状态。

2.3.1 非晶态高聚物的力学状态及其转变

若取一块非晶态高聚物试样，置于一加热炉中，并对试样施加一恒定力（图2.9），观察试样在等速升温过程中发生的形状变化，则得到一条形变-温度曲线（图2.10）。从图2.10可以看出，非晶态高聚物的形变-温度曲线存在两个斜率突变区，即玻璃化转变区和黏流转变区，对应的温度分别称为玻璃化温度（T_g）和黏流温度（T_f）。两个斜率突变区把曲线分为3个区域，分别对应于3个不同的力学状态，玻璃态、高弹态、黏流态。

（1）玻璃态

温度较低时，高聚物呈刚性固体状，在外力作用下，发生非常小的形变（0.01%～1%），显示较高的模量（$10^9 \sim 10^{10}$ Pa），且形

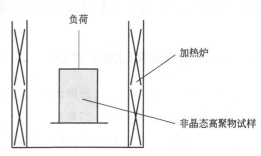

图2.9 形变-温度曲线试验示意图

变与时间无关，呈普弹性，这种力学状态称为玻璃态。在玻璃态下，由于温度低，给予运动单元的能量小，只有键长、键角、侧基、链节等小尺寸运动单元的运动。常温下处于玻璃态的高聚物通常用作塑料和纤维。

（2）高弹态

当温度继续升高，分子热运动加剧，达到某一温度区间，分子热运动的能量已足以克服内旋转的位垒，链段运动被激发，试样从玻璃态进入高弹态。在高弹态下，高聚物受到外力作用时，分子链可以通过单键的内旋转和链段的构象改变来适应外力的作用，模量较低（$10^5 \sim 10^7$ Pa）。使用比较小的拉伸力，高分子链就由原来的蜷曲状态变为伸展状态，宏观上表现出很大的形变量，高达100%～1000%，而且这种形变是可逆的。当外力撤去时，分子

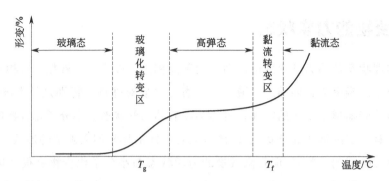

图 2.10 非晶态高聚物的形变-温度曲线

链又通过链段运动而恢复原来的蜷曲状态，宏观上呈现弹性回缩。这种力学性质称为高弹性，是处于高弹态下非晶态高聚物所具有的力学特征。常温下处于高弹态的高聚物可作为弹性体材料使用。

（3）黏流态

温度继续上升，不仅链段可以运动，整条分子链也可以发生移动。此时，非晶态高聚物受到外力作用，分子链间发生相对滑移，整条链的质心发生移动，其宏观表现为沿外力作用发生黏性流动，形变量很大。外力撤去后，形变不能回复，为不可逆形变。黏流态中的整链运动是高聚物加工成型的基础。

玻璃态与高弹态之间的转变、高弹态与黏流态之间的转变不属于相变，三种力学状态均属于一种相态，即液相。它们之间的转变温度，即 T_g 和 T_f，不是相转变温度。

2.3.2 结晶高聚物的力学状态

由于结晶的不完善性，晶态聚合物存在非晶区，非晶区具有非晶态聚合物的力学状态。对于低结晶度的晶态聚合物，当温度高于 T_g 但尚未达到结晶熔点（T_m）时，非晶区进入高弹态，由于晶区尚未熔融，晶区可以起到交联点作用，使材料具有韧性和强度。当温度继续升高（$T > T_f$），且高于 T_m，晶区熔融，整个聚合物进入黏流态。

高结晶度聚合物（结晶度＞40%）的晶区贯穿成连续相。温度升高时，观察不到明显的非晶区玻璃化转变现象。能否观察到高弹态，取决于晶态聚合物的分子量（图 2.11）。非结晶区的黏流温度与聚合物的分子量有关。分子量足够高时，$T_{fH} > T_m$，结晶区熔融后，非晶区仍处于高弹态，所以可观察到高弹态。当聚合物分子量不高时，$T_{fL} < T_m$，非晶区已进入黏流态，晶区还未熔融，此时就观察不到非晶区的高弹态。

2.3.3 玻璃化转变

高聚物的玻璃化转变是指非晶高聚物从玻璃态到高弹态的转变（温度从低到高），或从高弹态到玻璃态的转变（温度从高到低）。从分子运动来看，高聚物的玻璃化转变是指它们的链段运动被激发或冻结。对于结晶高聚物，指非晶部分的上述转变。

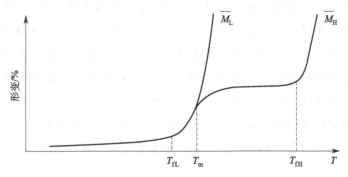

图 2.11 结晶聚合物的形变-温度曲线

在高分子科学中，高聚物的玻璃化转变是一个重要的物理现象。这是因为：

① 玻璃化转变是高聚物的一种普遍现象。

② 发生玻璃化转变时，许多物理性能，如模量、热熔、比热容、膨胀系数、折光指数、导热系数、介电常数、介电损耗、力学损耗等发生急剧变化，可完全改变材料的使用性能：$T >$ T_g 时高聚物处于高弹态，可作为弹性体使用；$T < T_g$ 时高聚物处于玻璃态，可用作塑料、纤维。

③ T_g 是决定材料使用范围的重要参数，具有重要的实用意义：T_g 是弹性体的最低使用温度；T_g 是塑料的最高使用温度。

④ T_g 也是高聚物的特征温度之一，是高分子链柔性的指标。

凡是能影响高分子链柔性的因素，都对 T_g 有影响。减弱高分子链的柔性或增加分子间作用力，如引入刚性基团或极性基团、结晶等都会使 T_g 升高。而增加高分子链的柔性，如加入增塑剂、引入长而柔的侧基等都会降低 T_g。

一般而言，所有在玻璃化转变时产生突变或不连续变化的物理性能都可用来测定高聚物的 T_g。经常采用的是膨胀计法和差热分析法。

2.4 高分子材料的力学性能

力学性能是决定高分子材料合理应用的主导因素。对大多数高分子材料而言，力学性能尤为重要。

2.4.1 拉伸应力-应变

所谓力学性能是常指材料受力后的响应，这些响应可以用一些基本指标来表征，如应力-应变、弹性模量、硬度、机械强度（拉伸强度、弯曲强度、冲击强度）等。在这里重点介绍高分子材料的应力-应变。

测量拉伸应力、应变特性是研究材料强度和材料破坏的重要实验手段，最常用来评价高聚物的力学性能。应变是指当材料受到外力作用而不发生惯性移动时，其几何形状和尺寸所发生的变化。应力是单位面积上的内力。所谓内力是指材料受到外力作用时发生宏观形变，其内部分子及原子间发生相对位移，材料欲保持原来的形状不变，其分子间及原子间对抗外力的附加内力。达到平衡时，外力与内力大小相等，方向相反。在材料未被破坏时，外力卸载，内力使形变回复并自行逐步消除。若材料所受外力超过材料承受能力时，材料就被破坏。机械强度是衡量材料抵抗外力破坏的能力，是指材料在一定条件下所能产生的最大应力。下面以拉伸应力-应变为例，分析应力-应变曲线。

将材料制备成标准的哑铃形试样，采用万能材料试验机进行测量，可得到其应力-应变曲线。塑料、弹性体的实验测试条件可以分别依据国标 GB/T1040.1—2018、国标 GB/T 528—2009。

玻璃态高聚物典型的单轴拉伸时应力-应变曲线见图 2.12。首先看 OA 段，外力作用引起键长、键角的变化，应力-应变呈线性关系，符合胡克定律，斜率相当于材料的弹性模量：

$$E = \frac{\Delta\sigma}{\Delta\varepsilon} = \frac{\sigma_A}{\varepsilon_A} \tag{2.1}$$

继续受力，越过 A 点后应力-应变偏离直线，材料由弹性形变转变为塑性形变（此时卸载，形变不能完全回复，存在永久形变）；出现极大值，极大值 Y 点称为屈服点。聚合物材料在塑性区域内的应力-应变关系呈现复杂情况，出现应变软化现象，即聚合物分子链的构象在外力场作用下发生变化，变成了容易运动的结构，可以在较低的应力下继续发展形变。然后，经过一段受迫高弹形变区域，即随着应力作用时间的延长，玻璃态聚合物本来冻结的链段开始运动，高分子链的伸展导致了材料大的形变，这本质上和高弹态的大形变一样，具有可逆性。此时，外力卸载，这部分形变可以通过提高温度到 T_g 以上而自动回复。在高分子链伸展后继续拉伸，则由于分子链取向排列，材料强度进一步提高，因而应力随应变逐渐上升，呈现应变硬化，直至发生断裂。断裂点 B 对应的应力称为拉伸强度，而扯断伸长率是高聚物在断裂时的相对伸长：

$$\text{扯断伸长率} = \Delta L/L \tag{2.2}$$

式中，$\Delta L = L' - L$，L' 为试样断裂时的变形长度；L 为试样原长。

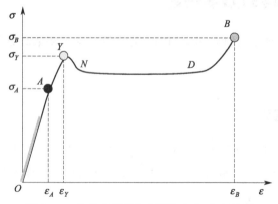

图 2.12　玻璃态高聚物典型的应力-应变曲线

高分子种类繁多，实际得到的应力-应变曲线也具有多样性，归纳起来可分为 5 类，见表 2.5。

表 2.5　高分子应力-应变曲线的类型

项目	硬而脆[①]	硬而强	强而韧[②]	软而韧	软而弱
曲线					
拉伸强度	中	高	高	中	低
扯断伸长率	小	中	大	很大	中
模量	高	高	高	低	低
断裂能[③]	小	中	大	大	小
实例	聚苯乙烯 有机玻璃 酚醛塑料	硬聚氯乙烯 增韧环氧树脂	聚碳酸酯 ABS[④] 高密度聚乙烯	硫化橡胶 软聚氯乙烯	未硫化橡胶

① 脆性断裂：材料的破坏主要以主链断裂为特征，与材料的弹性响应有关。断裂的应变值一般低于 5%，断裂所需的外力不大。脆性破坏是工程应用中应尽量避免的。

② 韧性断裂：与材料的塑性响应有关。应力作用下，材料往往首先发生屈服，并且分子链段伸展，应力-应变关系是非线性的，消耗的断裂能很大。高分子材料在外力作用下是发生脆性断裂还是韧性断裂，除了与材料本身有关外，还依赖于实验条件。

③ 计算应力-应变曲线下所包围的面积可近似得到材料的断裂能，用于表征材料抵抗裂纹扩展能力的大小。

④ ABS—acrylonitrile butadiene styrene 的缩写，即丙烯腈-丁二烯-苯乙烯三元共聚物。

2.4.2　高弹性

高弹性是高弹态聚合物最重要的力学性能，是高聚物所独有的。高弹性指聚合物（T_g $<T< T_f$）在不大的外力作用下，可以发生较大的形变，外力撤去后，形变几乎完全回复。高弹性是基于链段运动的一种力学特征。

高弹性的特点可以归纳为以下几点。

① 弹性模量小。一旦发生受力形变，弹性模量小，为 $10^{-1} \sim 10$ MPa，比金属的弹性模量（$10^4 \sim 10^5$ MPa）小四五个数量级。

② 形变量很大。由于形变是聚合物链沿外力方向由蜷曲态到伸展态，所以形变量大，可高达 1000%。而金属的弹性形变不超过 10%。

③ 温度升高，弹性模量增大。一般来说，温度升高，分子运动加剧，物质的抗形变能力下降，而高弹态聚合物不同。这是由于当外力将蜷曲的分子链拉直时，分子链中的链段运动力图回复到原来比较自然的蜷曲状态，因而形成了对抗外力的回缩力。正是这种回缩力促使外力撤去后，弹性体的形变自发回复，造成了形变的可逆性（图 2.13）。但这种回缩力毕竟不大，所以弹性体在较小的外力作用下，就可产生较大的形变。当温度升高，链段热运动加剧，回缩力增加，维持相同形变所需的作用力提高，导致了材料抵抗形变的能力增强。

④ 高弹形变具有时间依赖性。这是因为高弹形变是基于链段运动发生的，而链段是具有一定尺寸的运动单元，运动时需要克服分子间作用力和内摩擦力，即受到的阻碍较大，运动需要时间。

⑤ 形变过程有明显的热效应。形变过程中热效应指拉伸放热、回缩吸热。拉伸放热主

图 2.13　高弹形变示意图

要是三个方面的因素共同作用的结果：a. 链段运动从无序到有序，熵减小；b. 克服分子间内摩擦；c. 分子间规整排列或可形成结晶。

⑥ 高弹性本质上是一种熵弹性。在外力的作用下，蜷曲的高分子链通过主链上单键的内旋转而改变了原来的构象，分子链逐渐伸展，构象熵减小；除去外力，高分子链自发地重新蜷曲成无规线团，使构象熵重新趋于增大。

2.4.3　黏弹性

黏弹性是指材料受到外力作用时，同时发生高弹形变和黏性流动。图 2.14 为应力响应示意图。从图 2.14 可以看出，理想的弹性体（弹簧），在外力作用下，应力产生与平衡应变瞬时发生，与时间无关，应力-应变关系遵从胡克定律，即应变与应力成正比，$\sigma = G\dot{\gamma}$；理想的流体（水），即牛顿液体，在外力作用下，形变随时间线性发展，其应力-应变关系遵从牛顿定律，$\sigma = \eta\dot{\gamma}$；高聚物的形变与时间有关，但呈现复杂关系：应力和应变最初产生是瞬时的，但随着作用时间的延长，应变不断变大，呈非线性关系。应力消失，应变瞬间回复一部分，之后随时间的延长而逐渐减小，在试验观察的时间尺度内，存在残余应变或称永久形变。因此，高聚物的应力-应变行为介于弹性体和流体之间。

由图 2.14（c）可知，高聚物的黏弹性表现出力学行为对应力作用时间的依赖性。高聚物既有弹性又有黏性，其形变和应力，或其柔量和模量都是时间的函数。多数非晶态高聚物的黏弹性都遵从 Boltzman（玻尔兹曼）叠加原理，即当应变是应力的线性函数时，若干个应力作用的总结果是各个应力分别作用效果的总和。遵从此原理的黏弹性称为线性黏弹性。线性黏弹性可用牛顿液体模型和胡克体模型的简单组合来模拟。

温度提高会加速黏弹过程，即可使黏弹过程的松弛时间减少。黏弹过程中时间-温度的相互转化效应可用 WLF 方程表示。

2.4.3.1　静态黏弹性

静态黏弹性是指在固定的应力（或应变）下形变（或应力）随时间延长而发展的性质，包括应力松弛和蠕变。

在温度、应变恒定的条件下，材料的内应力随时间延长而逐渐减小的现象称为应力松弛。线型高聚物的应力松弛现象可用麦克斯韦（Maxwell）模型来描述，它是由一个弹簧和一个黏壶串联构成的。

在温度、应力恒定的条件下，材料的形变随时间的延长而增加的现象称为蠕变。对线型

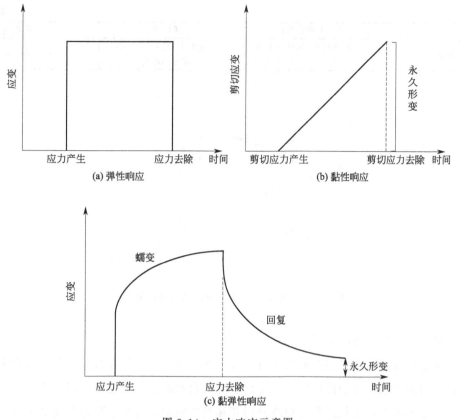

图 2.14　应力响应示意图

高聚物，形变可无限发展且不能完全回复，会产生一定的永久形变。对于交联高聚物，形变可达一平衡值。用四元件模型描述线型高聚物的蠕变过程特别合适，而交联聚合物的蠕变过程则可用 Voigt（或 Kelvin）模型模拟。Voigt 模型是由一个理想弹簧和一个理想黏壶并联而成的，四元件模型可以看作是 Maxwell 模型和 Voigt 模型的串联组合。

2.4.3.2　蠕变分析

蠕变的大小反映了材料尺寸的稳定性和长期负载能力。蠕变是工程塑料非常重要的力学性能。

（1）蠕变过程

在现实生活中有很多蠕变的现象，例如，在两棵树中间拉一条塑料绳，刚拉上绳是伸直的，但随着时间的延长，绳子会慢慢下垂，这就是蠕变现象。图 2.15 为线型非晶态聚合物的蠕变及回复曲线。对图 2.15 的分析见表 2.6。

表 2.6　线型非晶态聚合物的蠕变及回复曲线分析

项目	普弹形变 ε_1	高弹形变 ε_2	黏性流动 ε_3
运动示意图			
运动单元	键长、键角	链段	分子链

项目	普弹形变 ε_1	高弹形变 ε_2	黏性流动 ε_3
形变特点	形变量小，与时间无关，形变可完全回复	形变量大，与时间有关，可逐渐回复	不可逆形变

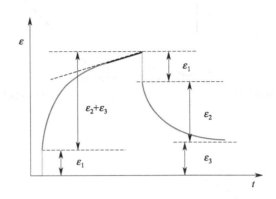

图 2.15　线型非晶态聚合物的蠕变及回复曲线

（2）提高抗蠕变能力的途径

了解蠕变现象对高分子材料的应用有很大意义。如制备齿轮和机械零件不能使用蠕变性大的材料，因为不能保证制件尺寸的稳定性。提高材料的抗蠕变能力，就是不要在负载条件下发生大尺寸的形变，也就是要避免高弹形变和黏性流动的发生。高弹形变是由链段运动导致的，黏性流动是整链运动引起的。所以，要提高材料的抗蠕变能力，就是要降低链段、整链的热运动能力。

链段运动是在高弹态下"解冻"的，所以降低链段运动就需要提高"解冻"的难度，即提高聚合物的玻璃化温度。如何提高玻璃化温度，就要从影响 T_g 的因素来考虑。

① 高聚物主链的柔性是决定聚合物 T_g 最主要的因素，凡能提高分子链刚性的各种因素都将提高 T_g。减少主链中单键的数目是提高分子链刚性的有效手段，如在分子链上引入芳杂环、共轭双键等。主链中引入孤立双键不一定能增加链的刚性，因为在双键旁边的单键更容易内旋转，反而形成柔性链。例如许多弹性体的高分子链中均含有双键，它们的 T_g 都在室温以下，但有一个例外是聚乙烯（在 2.2.1 节中提到过）。聚乙烯的分子链是非常柔软的，T_g 为 -68℃，但常温下是塑料。原因是它的分子链非常规则、简单、对称，特别容易排列整齐，形成结晶。尽管聚乙烯的非晶区玻璃化温度比室温低很多，但由于结晶度很大，所以呈现塑料的性状。

② 引入侧基、增加侧基极性均可以提高 T_g（表 2.7）。但要注意的是，对于双取代基的高聚物，如果取代基是对称性的，反而会降低 T_g。增加取代基的长度，也会降低 T_g。

表 2.7　高聚物玻璃化温度与其结构的关系

中文名称	化学结构	T_g/℃
聚乙烯	$\text{--[CH}_2\text{--CH}_2\text{]}_n$	-68

中文名称	化学结构	$T_g/℃$
聚丙烯	$-\!\!-\!\!CH_2\!\!-\!\!CH\!\!-\!\!_n$ 支链 CH_3	-10
聚苯乙烯	$-\!\!-\!\!CH_2\!\!-\!\!CH\!\!-\!\!_n$ 支链苯环	97
聚氯乙烯	$-\!\!-\!\!CH_2\!\!-\!\!CH\!\!-\!\!_n$ 支链 Cl	87
聚偏二氯乙烯	Cl $-\!\!-\!\!CH_2\!\!-\!\!C\!\!-\!\!_n$ Cl	17
聚甲基丙烯酸甲酯	CH_3 $-\!\!-\!\!CH_2\!\!-\!\!C\!\!-\!\!_n$ $C\!\!=\!\!O$ O CH_3	$100\sim120$
聚甲基丙烯酸乙酯	CH_3 $-\!\!-\!\!CH_2\!\!-\!\!C\!\!-\!\!_n$ $C\!\!=\!\!O$ O CH_2 CH_3	65
聚丙烯酸锌	$-\!\!-\!\!CH_2\!\!-\!\!CH\!\!-\!\!_n$ $COOZn$	>300
聚丙烯酸	$-\!\!-\!\!CH_2\!\!-\!\!CH\!\!-\!\!_n$ $COOH$	106
聚丙烯酸乙酯	$-\!\!-\!\!CH_2\!\!-\!\!CH\!\!-\!\!_n$ $COOCH_2CH_3$	-24

③ 分子间的相互作用越强，分子链的活动能力越差，其 T_g 越高。例如，具有强烈氢键作用的聚丙烯酸 T_g 是 106℃，比其他聚丙烯酸酯类高聚物的 T_g 高很多。离子键在提高玻璃化温度方面特别有效，聚丙烯酸盐类具有非常高的 T_g（表 2.7）。

④ 当分子量较低时，增加分子量，可以提高 T_g。这是因为在分子链的两端有一个链端链段，这种链端链段的活动能力要比一般链段大。分子量越低，链端链段的比例越高，所以 T_g 越低。当分子量增大到一定程度后，链端链段的比例可以忽略不计，那么 T_g 不再依赖其分子量。

⑤在高聚物中引入交联点，降低链活动能力，可以提高 T_g。对于支化高聚物，T_g 随支化度的变化，将产生两种效应：链端链段数目的增加将提高链的活动能力和自由体积；而支化点的引入又将降低链的活动能力和自由体积。通常，链端链段对 T_g 的影响要大于支化点

的影响，因此支化总的效应是降低 T_g。

2.4.3.3 动态黏弹性

动态黏弹性是指在应力周期性变化作用下聚合物的力学行为，也称动态力学性质。

高聚物在交变应力作用下形变落后于应力的现象称为滞后。滞后现象的发生是由于链段在运动时要受到内摩擦力的作用，当外力变化时，链段的运动跟不上外力的变化，因而形变落后于应力。高聚物的滞后现象与其自身的化学结构有关，一般刚性的分子滞后现象小，柔性分子的滞后现象严重。由于滞后，在每一个循环中就有功的损耗，称为力学损耗或内耗。链段运动的内摩擦阻力越大，滞后现象越严重，转换成热而消耗掉的功也越大，即内耗越大。

高聚物的化学结构是影响内耗的直接因素。例如丁苯橡胶、丁腈橡胶的内耗高于顺丁橡胶，这是因为顺丁橡胶主链上没有侧基，链段运动的内摩擦力小；丁苯橡胶有庞大的侧苯基，丁腈橡胶有极性很强的侧氰基，因而增加了它们分子链段运动的阻力。

一个角频率为 ω 的简谐应力作用于一高聚物试样时，应变总是落后于应力一个相位角 δ，δ 称为滞后角（或内耗角），又称作力学损耗角。通常用力学损耗角的正切值 $\tan\delta$ 表示内耗的大小。

高聚物的内耗与温度、交变作用频率有关。图 2.16 显示了内耗与温度的关系。在 $T<T_g$ 时，高分子链段运动的阻力很大，无法发生运动，外力作用只能引起键长、键角的变化，因而应变量非常小，并与应力几乎同时发生，所以内耗极小。当温度接近 T_g 时，链段开始运动，但运动阻力还较大，从而产生较大内耗。$T_g<T<T_f$ 时，链段运动阻力随温度的增高而下降，所以 $\tan\delta$ 也减小。当温度升至 T_f 时，分子链间的滑移开始，这种大尺寸运动使内摩擦再度增加，$\tan\delta$ 急剧增大。图 2.17 为内耗与交变作用力频率的关系。低频率

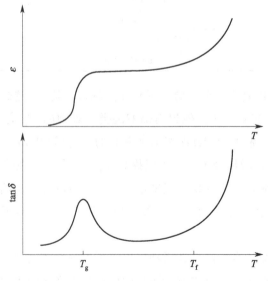

图 2.16　聚合物的形变、内耗与温度的关系

时，应变跟得上应力的变化，tanδ 很小。频率很高时，链段来不及运动，内耗也很小。只有在适当的频率范围内，应变相对于应力有明显的滞后现象，内耗出现极大值。

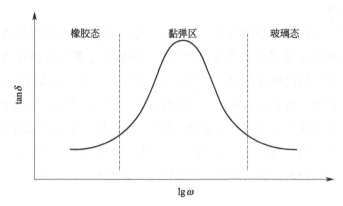

图 2.17　聚合物内耗与交变作用力频率的关系

2.5　高分子材料的力学性能特点

（1）强度低、比强度高

比强度是衡量材料质轻高强的重要指标。表 2.8 列出了几种常见材料的比强度。比强度高在要求减少自重的应用领域，如飞行器、交通工具、超高层建筑等意义重大。减轻重量能达到节能效果，有人研究过，汽车每减少 425 kg 重量，每升汽油可以多行驶 1km。

表 2.8　几种常见材料的比强度

材料	表观密度/(kg/m^3)	拉伸强度/MPa	比强度/(10^6 N·m/kg)
高级合金钢	8.0	1280	160
铝合金	2.8	420	150
铸铁	7.4	240	32
尼龙-66	1.1	83	75.5
玻璃纤维增强尼龙-66	1.3～1.5	98～218	143
环氧玻璃钢[①]	1.73	500	289

① 玻璃纤维增强环氧树脂。

（2）具有高弹性

高弹态是聚合物基于链段运动的一种力学状态，它所表现出的高弹性是材料一项难能可贵的性能。具有高弹性的材料，即弹性体材料，已成为国民经济和国防建设不可替代的重要材料之一。

在外力作用下，处于高弹态的高聚物弹性模量很低，仅为 1MPa，而拉伸形变可高达 100%～1000%。这种形变是可逆的，当外力撤去时呈现弹性回缩。

（3）具有高耐磨性

塑料的摩擦系数小，有些塑料还具有自润滑性能。聚四氟乙烯是迄今所研发出来的摩擦系数最小的高分子材料。有些材料，如聚甲醛（POM）的力学性能非常接近金属，可以用于制备齿轮不能使用润滑油的部分。DVD 机中的所有齿轮都是塑料制成的。

（4）具有黏弹性

黏弹性是高分子材料最重要的力学性能之一，它不是高聚物特有的力学性能。一般来说，任何材料均同时具有弹性和黏性这两种性质，但常因外界条件而使其中一种占主导地位。如在高温或较长时间的外力作用下，材料显示黏性，表现为液体的行为；再如在低温或很短时间的外力作用下，材料显示弹性，表现为固体的行为。然而，与其他材料相比，高聚物的黏弹性表观得尤为显著。即使是常温和正常的加载时间，黏性和弹性也都会在高聚物上同时明显地表现出来。因此可以说，黏弹性是高聚物力学性能的一个特点。深入认识高聚物的黏弹性，对高分子的材料的加工成型、合理使用等有着重要的意义。

2.6 高分子材料的物理化学性能特点

2.6.1 丰富的电学性能

高聚物品种繁多，其电导率的范围超过 15 个数量级，可以表现为绝缘体、半导体、导体，甚至超导体（表 2.9），有着极宽的导电行为。非极性高聚物是优良的电绝缘体，极性高聚物的电导率高于非极性高聚物，具有共轭 π 键的高聚物，经化学或电化学"掺杂"碘、溴、五氟化砷、高氯酸银等电子受体，或碱金属等电子供体后，能成为导电聚合物，如掺杂型聚乙炔，其电导率可达 $5 \times 10^2 \sim 10^4$ S/cm。科学家们还发现聚（3-己基噻吩）形成的有序超分子结构，在 2.35K（-270.8 ℃）时具有超导性。

表 2.9 导电性评价指标

材料	绝缘体	半导体	导体	超导体
电导率/(S/m)	$10^{-18} \sim 10^{-7}$	$10^{-7} \sim 10^5$	$10^5 \sim 10^8$	$\geqslant 10^8$

高聚物有介电、导电、压电、热电、热释电、驻极体、电击穿、静电等电现象，电学性能非常丰富。

2.6.2 高绝缘性

除特殊结构的高聚物外，一般高聚物都是由许多相同的、简单的结构单元通过共价键重复连接而成的，成键电子处于束缚状态，没有自由电子，也没有可流动的自由离子（含离子的高分子电解质除外）。因此，大部分高分子材料是电绝缘体，尤其是非极性高聚物。高聚物纯度越高，其电导率越低，绝缘性越好。

若两种物体的内部结构中电荷载体的能量分布不同，互相接触或摩擦时，它们各自的表面就会发生电荷再分配，使一个物体带正电，一个物体带负电，这种现象称为静电现象。高分子材料的高电阻率使它有可能积累大量消除很慢的静电荷，如聚四氟乙烯、聚乙烯、聚苯乙烯、聚甲基丙烯酸甲酯等得到静电荷后，可保持几个月。静电的积累，在高聚物加工和使用过程中会造成种种问题。在绝缘材料生产过程中，由于静电吸附尘埃或有害物质，产品的电性能大幅下降。合成纤维生产过程中，纤维和导辊摩擦产生静电荷，若不采取措施，将导致纤维的纺纱、牵引、织布、打包等工序难以进行。此外，由静电摩擦引起的火花放电可能会引起火灾，对人身、设备、环境等产生危害。

消除静电作用，有两种途径：一是控制电荷产生，二是使已形成的电荷尽快泄漏。一般从第二个途径着手，可采用的方法有：a. 引入抗静电剂，提高高分子材料表面导电性，使材料能迅速放电，避免静电荷积累；b. 由于水是导体，可以通过增加空气中的湿度，使亲水性的材料表面形成一层水膜，加速静电荷的流失；c. 引入两性表面活性剂，使其疏水端向下，亲水端向上吸附空气中的水分子，在材料表面形成水膜，使静电荷泄漏；d. 在高分子绝缘材料内渗入导电性高聚物形成"分子复合材料"，达到抗静电的效果。例如，将聚氯乙烯薄膜在含有吡咯单体的溶剂中溶胀，再与聚合催化剂接触，促使吡咯原位聚合，根据聚合条件，能制备电导率在 7～8 个数量级范围内可调节的分子复合材料。

静电现象虽然有上述危害，但也有可利用的积极一面。人们应用高聚物的强静电现象，开创了很多新技术领域，如静电复印、静电喷涂、静电印刷、静电分离和混合、静电纺丝等。

2.6.3 低耐热性

高分子材料的耐热性比金属和无机非金属材料要低得多。通用热塑性塑料的使用温度一般低于 100℃，工程塑料的使用温度在 100～150℃，热固性高分子材料的使用温度在 150～260℃，一些特殊的工程塑料使用温度高于 200℃，如耐高温材料聚酰亚胺，长期使用温度为 250～280℃，间歇使用温度高达 400℃。

非晶态高聚物的玻璃化温度 T_g 是其耐热性的重要参数，而结晶高聚物耐热性的重要参数则是晶区熔点 T_m。提高高分子材料耐热性主要有三个途径：增强分子链的刚性，提高高聚物的结晶度，适当引入分子链间交联，这就是所谓的马克三角原理。

2.6.4 低导热性

高分子材料的热导率（又称导热系数）是金属的 1/500～1/600，比金属低很多，具有绝热性。这个性能使得高分子材料在航天航空领域得到广泛的应用。例如，导弹和宇宙飞船等飞行器在返回地面时，其头锥部在几秒至几分钟之内将经受 11000～16700℃高温，这时，任何金属都将被熔化。若使用高分子材料，尽管外部温度高达上万度，涂覆在外层的聚合物被烧蚀乃至分解，但由于其导热性低，因此可以保护其覆盖的其他材料在短时间内不会受到任何影响。

金属的导热主要依靠自由电子的热运动，除了在极低的温度下，一般情况下金属的导热性比其他材料高得多。对于非金属材料，热导率主要取决于邻近原子或分子的结合强度。主价键结合，热扩散快，热导率大；次价键结合，热扩散慢，热导率小。聚合物沿分子链轴向方向是共价键结合，链与链之间是范德华力。在各向同性的聚合物中，分子链是杂乱取向的，其热传导取决于链间作用。因此，高聚物的导热性比金属低很多。非晶聚合物的导热系数随分子量的增大而增大。沿取向方向导热系数增大，垂直方向减小。

2.6.5　高热膨胀性

热膨胀性是由温度变化而引起的材料尺寸和外形的变化。对于各向同性的聚合物来说，热膨胀性取决于链间作用力。所以，高聚物的热膨胀性比金属大 3～10 倍。

2.6.6　较易老化

高分子材料在贮存、使用过程中，由于自身结构，或受光、热、氧、机械力、生物侵蚀等影响，性能逐渐变差，直至丧失使用价值的现象，称为老化。老化一般指化学老化，是不可逆的化学反应，包括热氧化、光氧化、高能辐射老化、水解老化、生物侵蚀等。高分子材料的老化可发生两种相反的作用，即降解和交联。降解指高分子链断裂，导致分子量下降，材料的物理力学性能变差。交联是通过化学反应使分子链之间发生化学键连接。适度的交联可以改善高聚物的力学性能和耐热性，但过度交联会使高聚物发硬、变脆，导致性能下降。

为了防止老化，可以采用如下的方法：

① 添加能够防护和抑制光、氧、热等外因对高分子材料产生破坏的稳定剂，如光稳定剂、抗氧剂、热稳定剂等；

② 对高分子材料进行表面处理，通过镀金属或涂覆抗老化涂料，阻挡或隔绝老化外因，如橡胶表面涂蜡；

③ 通过改进聚合、加工工艺，减少老化弱点，或对聚合物进行化学改性，引入耐老化结构。如不饱和碳链高聚物、支化高聚物比饱和碳链高聚物、线型高聚物更容易发生老化；微量金属杂质会加速老化；有规立构高聚物比无规立构高聚物稳定性更高。

总之，高分子材料的老化是不可避免的，但却是可延缓的，即高分子材料不可能"长生不老"，但能做到"延年益寿"。

思考题

1. 名词术语解释

聚合物，高分子材料，结晶度，玻璃化温度（T_g），液晶态，应变，蠕变，重复单元的几何异构，重复单元的立体异构。

2. 为什么高聚物没有气态？

3. 如何理解"对于结晶聚合物来说，聚合物分子量大会呈现高弹态"？

4. 简要阐述聚合物力学性能的两个最大特点。

5. 描述高分子材料的软硬、强弱和韧脆的指标分别是什么？

6. 请说明非晶态聚合物力学三态的运动单元。

7. 请分析高分子材料能够在国民生活各个领域发挥无可替代作用的原因。

8. 高分子材料的使用温度同玻璃化转变温度有什么关系？

9. 取向态与结晶态在有序性上有何不同？为什么取向态在热力学上是一种非平衡态？如何相对稳定取向结构？

10. 分析高聚物的结晶度对材料力学强度的影响。

11. 如何提高聚合物的耐热性能？

12. 影响高聚物结晶的结构因素和外界条件是什么？

参考文献

[1] 顾雪蓉，陆云．高分子科学基础．北京：化学工业出版社，2003.

[2] 何平笙．新编高聚物的结构与性能（第二版）．北京：科学出版社，2021.

[3] 张春红，徐晓冬，刘立佳．高分子材料．北京：北京航空航天大学出版社，2016.

[4] 高长有．高分子材料概论．北京：化学工业出版社，2018.

[5] 朱平平，何平笙，杨海洋．高分子物理重点难点释疑．合肥：中国科学技术大学出版社，2011.

[6] 何曼君，张红东，陈维孝，董西侠．高分子物理．3 版．上海：复旦大学出版社，2007.

第3章
塑料

塑料是指以合成或天然高聚物为主要成分，配以一定的添加剂，在一定温度、压力等条件下可塑成一定形状，在常温下保持其形状不变的高分子材料。作为塑料基本成分的高聚物，决定着塑料的类型和主要性能。塑料使用的上限温度是高聚物的玻璃化温度 T_g。

塑料的发明堪称 20 世纪人类的一大杰作，它是现代社会不可缺少的重要原料。目前，世界上投入生产的塑料品种有数百种，其中大量生产的有 20 余种。世界上第一种人造塑料是赛璐珞，它是由硝化纤维素加入樟脑所制成的材料，有假象牙之称，曾被广泛用于制造乒乓球、相机胶卷、玩具、眼镜架等。由于其极易燃烧，已逐渐被更安全的塑料品种所取代。世界上第一种投入工业生产的合成塑料名为酚醛塑料，俗称电木，是用苯酚与甲醛反应生成的酚醛树脂加入木屑等制成的高分子材料，其耐热、耐酸、具有较高的力学强度和良好的电绝缘性，在汽车、电气绝缘材料等方面得到了广泛的应用。

3.1 塑料的分类

3.1.1 按受热行为分类

塑料按受热行为可分为热塑性塑料和热固性塑料两大类。热塑性塑料（图 3.1）加热变软，冷却硬化，软硬变化可往复循环，因此可以反复成型，有利于塑料再生。热塑性塑料占塑料总产量的 80% 以上，其主要品种有聚乙烯、聚丙烯、聚氯乙烯、聚苯乙烯、聚四氟乙烯等。热固性塑料（图 3.2）是由单体或低聚物在加工成型过程中发生化学反应生成的交联聚合物，具有不熔不溶的特点，不可再塑。热固性塑料的耐热性能、力学性能、耐化学药品性能高于热塑性塑料，其主要品种有酚醛树脂、氨基树脂、不饱和聚酯、环氧树脂等。

3.1.2 按使用功能分类

塑料按使用功能可分为通用塑料、工程塑料、特种塑料。

通用塑料原料来源丰富、产量大、应用面广、力学性能一般，主要作为非结构材料使用。主要的通用塑料包括聚乙烯、聚丙烯、聚氯乙烯、聚苯乙烯、氨基塑料等。

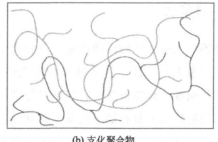

(a) 线型聚合物   (b) 支化聚合物

图 3.1　热塑性塑料

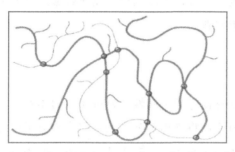

图 3.2　热固性塑料：交联的三维网状聚合物

工程塑料可作为结构材料和代替金属用于制造机器零件，具有优良的综合性能，刚性大、蠕变小、机械强度高、耐热性好，可在较苛刻的化学、物理环境中长期使用，但价格较高。工程塑料不仅能代替金属材料，而且具有金属材料所没有的性能。主要的工程塑料包括聚酰胺、聚碳酸酯、聚甲醛、聚苯醚及其改性物等。

特种塑料是指综合性能优异，具有特殊性能的塑料，如超耐候性聚四氟乙烯、自润滑聚苯硫醚、耐高温聚酰亚胺等。

3.1.3　按组成分类

塑料按组成可分为单组分塑料和多组分塑料。单组分塑料完全由高聚物所组成；多组分塑料以高聚物为基础组分，并辅以添加剂，如增塑剂、抗氧剂、阻燃剂、偶联剂等成分。从综合性能、价格等因素出发，单组分塑料并不多见。

3.2　主要添加剂及其作用

大部分塑料制品是一个多组分体系，除基础组分高聚物外，还包含各种各样的添加剂（亦可称为助剂）。添加剂按作用可分为：加工助剂（如润滑剂、增塑剂、热稳定剂）、力学性能改性剂（如增强剂、增塑剂、抗冲击改性剂）、表面性能改性剂（如偶联剂、抗静电剂）、阻燃剂、稳定剂（如抗氧剂、光稳定剂、防霉剂）等。下面主要介绍增塑剂、抗氧剂和阻燃剂这三种添加剂。

3.2.1 增塑剂

能改善加工时熔体的流动性能，并提高制品柔软性的物质称为增塑剂。它是高分子材料助剂中产量最大的品种，主要用于热塑性塑料。增塑剂的加入会降低高分子材料的熔体黏度、玻璃化温度和弹性模量。它们通常是高沸点的稳定油状有机液体或低熔点有机固体。作为增塑剂的物质需要具有如下的基本理化性质特点：化学稳定性好、高沸点、难挥发、低黏度，与高分子基质有一定的相容性但不与其发生化学反应。

据统计，世界范围内 80%～85%的增塑剂被用于生产各种软质聚氯乙烯制品，如薄膜、凉拖鞋、软管、人造革、电缆料等。增塑剂也可用于聚偏二氯乙烯、聚丙烯酸酯类、聚乙烯缩丁醛等其他类型的高分子材料。

3.2.1.1 增塑原理

塑化是指流动状态下具有良好的可塑性。高分子材料中对抗塑化作用的因素是高聚物的分子间作用力和结晶性。因此，将增塑剂分子插入聚合物分子链之间，可以通过以下两种方式起到增塑作用：a. 使分子链的移动性增加，从而削弱聚合物分子链间的范德华力；b. 破坏结晶区（图 3.3）。

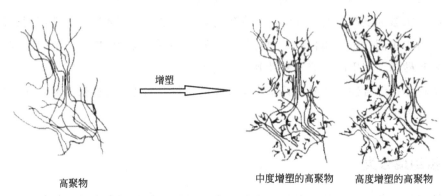

高聚物　　　　　　　　中度增塑的高聚物　　高度增塑的高聚物

图 3.3　高聚物的增塑原理示意图

在这里要特别提及反增塑现象，即当增塑剂的用量减少到一定程度后，反而会引起高分子材料硬度增大、伸长率减小、冲击强度降低的现象。反增塑现象的发生是由于少量增塑剂使高分子链易于移动，促进了非晶区定向并结晶（图 3.4）。

3.2.1.2 分类

（1）按引入方式

按引入方式可分为内增塑剂和外增塑剂。所谓内增塑剂，也可称为键合型增塑剂，是在聚合物的聚合过程中引入的第二单体。第二单体通过共聚在聚合物的分子结构中，破坏大分子链的规整度，降低高聚物的结晶度，从而增加了塑性。内增塑剂还可以在高

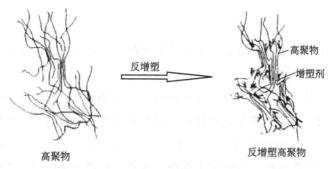

高聚物   反增塑   反增塑高聚物

图 3.4　高聚物的反增塑作用示意图

聚物分子结构上引入支链,支链增加了大分子链间的距离,从而降低了分子间作用力,这类增塑剂一般较少使用。外增塑剂又称为添加型增塑剂,是以物理共混的方式加入高分子材料体系中的增塑剂,这类增塑剂的使用非常灵活,通常所说的增塑剂即指外增塑剂。

（2）按相容性

按相容性可分为主增塑剂和辅助增塑剂。主增塑剂指与高聚物相容性较好,不仅能够进入非晶区,也可以插入结晶区。辅助增塑剂只能进入非晶区,一般不能单独使用,需要与主增塑剂配合。

（3）按适用性

按适用性可分为通用型增塑剂、高性能增塑剂和特殊增塑剂。通用型增塑剂性价比较高,应用性强,主要是邻苯二甲酸酯类,如邻苯二甲酸二丁酯（DBP）、邻苯二甲酸二辛酯（DOP）、邻苯二甲酸二异壬酯（DINP）。高性能增塑剂可提供某一或某些特别优异的性能,而特殊增塑剂可提供某一或某些特殊性能。

（4）按化学结构

按化学结构分类的增塑剂类型见表 3.1。

表 3.1　按化学结构分类的增塑剂类型

类型	举例
苯二甲酸酯类	邻苯二甲酸酯、对苯二甲酸酯、间苯二甲酸酯
脂肪族二元酸酯类	己二酸酯、壬二酸酯、癸二酸酯
苯多酸酯类	偏苯三酸酯、均苯四酸酯
多元醇酯类	乙二醇等二元醇、丙三醇等三元醇、季戊四醇等四元醇的低级脂肪酸酯和苯甲酸酯
柠檬酸酯类	柠檬酸脂肪醇酯、乙酰柠檬酸脂肪醇酯
磷酸酯类	磷酸脂肪醇酯、磷酸酚酯、磷酸混合酯、含氯磷酸酯
聚酯类	二元酸与二元醇的缩聚物
环氧化合物	环氧化油、环氧脂肪酸酯
其他	氯代烃、苯甲酸单酯

3.2.1.3 耐久性

增塑剂的耐久性，即要求增塑剂长期保留在塑料中，对塑料的正常使用非常重要，包括耐挥发性、耐抽出性和耐迁移性。

增塑剂的耐久性取决于增塑剂分子的运动能力。增塑剂分子量高、分子内基团体积大，耐挥发性则强。耐抽出性是指增塑的塑料浸入液体介质中，增塑剂从塑料内部向液体介质中迁移的倾向。耐抽出性与增塑剂的分子结构、极性、分子量、所接触的液体介质性质等有关。增塑剂的迁移是指塑料制品在使用和存放过程中，增塑剂从内部向表面移动，导致制品变硬、表面发黏。改善增塑剂与高聚物的相容性可提高增塑剂的耐迁移性。

3.2.2 抗氧剂

聚合物在制备、加工、贮存和使用过程中，因与空气中的氧气反应而发生的降解或进一步交联，称为氧化作用，也称为热氧老化。表观现象为外观、性能的劣化（如褪色、泛黄、透明性变差、表面开裂，拉伸强度、抗冲击强度等机械性能变差等）。聚合物的氧化作用是一个自催化反应过程，所以也称为自动氧化反应。聚合物的自氧化反应按自由基链式反应机理进行：聚合物（RH）在热或机械应力等的作用下，首先产生大分子自由基（R·）从而引发自动氧化反应。R·具有非常高的活性，可与氧分子反应生成过氧化自由基（ROO·），过氧化自由基会夺取 RH 上的氢原子，生成氢过氧化物（ROOH）和一个 R·。ROOH 并不稳定，一部分在体系中积累，一部分分解为含氧自由基（RO·）和羟基自由基（OH·），而 RO· 和 OH· 又分别进攻 RH，产生 R·（图 3.5）。由此可见，在氧化过程中，每经过一个循环，一个初始 R· 增殖为 3 个。这就是聚合物氧化作用具有自催化反应动力学特性的原因所在。

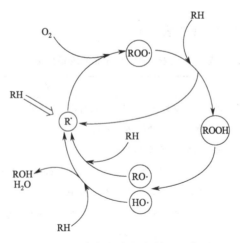

图 3.5　聚合物的自氧化循环示意图

影响聚合物自氧化反应的因素主要有如下四个方面。

① 化学结构　化学键强度高、分支结构少、空间位阻大的聚合物稳定性高。未经稳定

化处理的 PP 在 150℃下，30min 便全部脆化了。而聚四氟乙烯在美国佛罗里达州（湿热地区）自然暴晒超过 30 年，性能没有明显变化。一些常见聚合物的热氧稳定性见表 3.2。

表 3.2　一些常见聚合物的热氧稳定性

聚合物	稳定性	聚合物	稳定性
聚四氟乙烯	优	聚乙烯	可
聚砜	优	聚氯乙烯	可
聚二甲基硅氧烷	优	聚苯醚	可
聚异丁烯	良	聚醋酸乙烯酯	可
聚苯乙烯	良	尼龙-66	可
聚丙烯腈	良	丙酸纤维素	可
聚甲基丙烯酸甲酯	良	聚氨酯	可
聚对苯二甲酸乙二醇酯	良	ABS 树脂	劣
聚碳酸酯	良	聚丙烯	劣
酚醛塑料	良	聚甲醛	劣

② 杂质　残留在聚合物中的引发剂和催化剂等杂质若含有可变价金属（如 Co、Mn、Cu、Fe 等）化合物，则可催化自氧化反应。

③ 温度　温度具有直接而显著的影响。升高温度，将加快氧化反应。

④ 材料厚度　若材料厚度大于 1mm，其厚度每增加 1mm，热老化寿命提高约 30%。若材料厚度小于 60 μm，则热老化寿命与厚度无关。

抗氧剂是一类能够有效抑制聚合物自氧化作用，从而延长其使用寿命的添加剂。

3.2.2.1　分类

（1）按功能

抗氧剂按功能可分为链终止剂、氢过氧化物分解剂、金属离子钝化剂。链终止剂通过捕获或清除聚合物自氧化产生的自由基，抑制聚合物氧化反应的进一步发生；氢过氧化物分解剂能够促使 ROOH 发生非自由基型分解，控制自催化反应过程；金属离子钝化剂可与有害的金属离子形成稳定的螯合物，从而限制可变价金属对聚合物氧化反应的催化作用。

（2）按化学结构

按化学结构分类的抗氧剂类型见表 3.3。

表 3.3　按化学结构分类的抗氧剂类型

分类	特点
胺类	效能很高,对 O_2、O_3 均有高度的防护作用,但受到光氧作用时会引起制品不同程度的色变,不用于塑料体系
酚类	不变色、不污染、效能高,广泛用于塑料体系
亚磷酸酯类	与酚类协效使用,水解稳定性较差

分类	特点
硫代酯类	与酚类协效使用,挥发性较大
螯合剂类	金属钝化剂,常用于保护电线电缆聚合物包覆料免受铜的危害

3.2.2.2 酚类抗氧剂的作用机理

大多数酚类抗氧剂都具有受阻酚的结构。所谓受阻酚是指酚羟基的邻位上存在具有空间位阻效应取代基的酚类化合物,其化学结构通式如下:

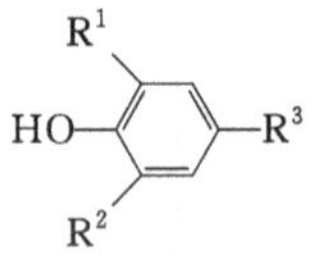

对称型受阻酚类　　非对称型或半受阻酚类
R^1、R^2＝叔丁基　　R^1＝叔丁基　R^2＝甲基

一些常见的受阻酚类抗氧剂的化学结构见表 3.4。

表 3.4　一些常见的受阻酚类抗氧剂

化学名及简称	化学结构
2,6-二叔丁基-4-甲基苯酚(BHT、抗氧剂 264)	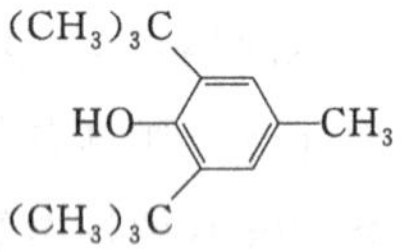
β-(3,5-二叔丁基-4-羟基苯基)丙酸 正十八碳醇酯(抗氧剂 1076)	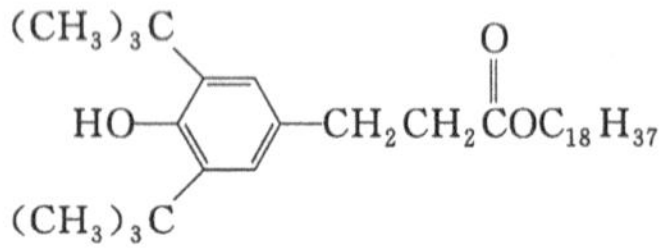
2,2′-亚甲基双(4-甲基-6-叔丁基苯酚)(抗氧剂 2246)	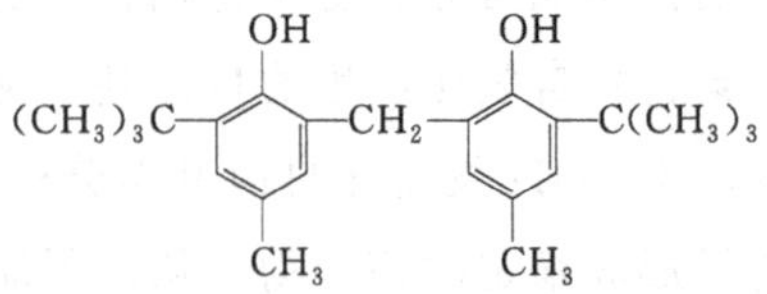
四[β-(3,5-二叔丁基-4-羟基苯基)丙酸] 季戊四醇酯(抗氧剂 1010)	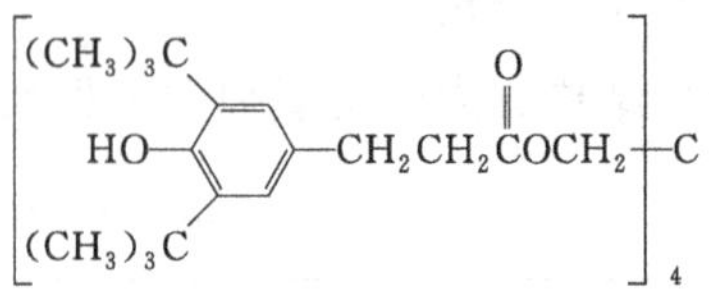
4,4′-硫代双(6-叔丁基间甲酚)(抗氧剂 300)	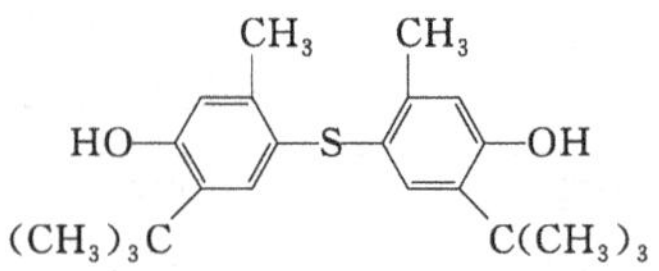

化学名及简称	化学结构
2,2′-硫代双(4-甲基-6-叔丁基苯酚)(抗氧剂 2246-S)	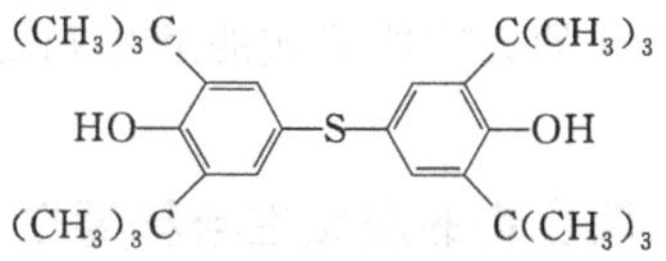

受阻酚类抗氧剂属于链终止型。酚羟基上的氢原子比聚合物链上的氢原子更容易被 $RO_2\cdot$ 夺取，生成具有共轭结构的稳定芳氧自由基。该自由基不仅不会从聚合物链上进一步夺氢，而且会进一步捕获 $RO_2\cdot$，从而终止聚合物自动氧化链式反应。例如：

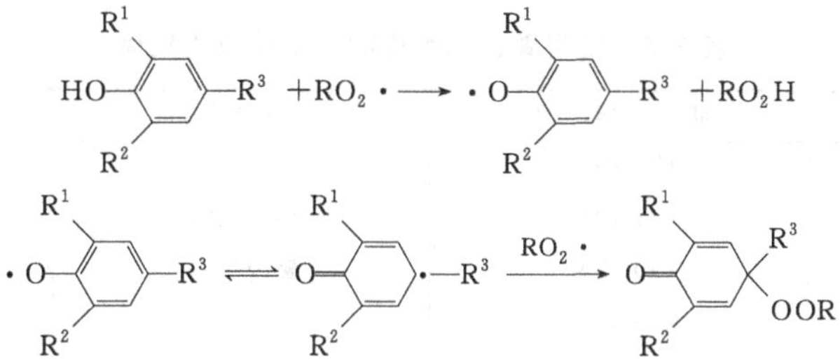

酚类抗氧剂的抗氧效能与邻位、对位取代基的结构和性质密切相关：a. 取代基的推电子性增强，抗氧效能提高；b. 邻位取代基的空间位阻增大，抗氧效能提高。这里要指出的是，若取代基的推电子性太强，容易被氧直接氧化，产生自由基，加速聚合物的自氧化反应。邻位取代基的空间位阻也不宜过大，否则会导致芳氧自由基无法与 $RO_2\cdot$ 结合，抗氧效能下降。

3.2.3　阻燃剂

人类最大的恐惧之一就是身陷火海，然而此类事故经常发生，原因之一就是建筑材料中大量使用了高分子材料。高分子材料，特别是碳含量高的，是本征可燃物。对于许多高分子材料，提高其防火安全性最经济而有效的措施是在塑料加工时引入阻燃剂。

3.2.3.1　关于聚合物的燃烧

聚合物的燃烧是一个化学反应过程。在氧的存在下，某一基材被外界热源不断加热，它就将发生降解和分解，产生挥发性可燃气体。当可燃性气体达到一定的浓度，且温度达到其着火点，可燃性气体就着火，产生火焰。燃烧一旦开始，火焰产生的一部分热量会供给正在降解的聚合物，使其降解、分解进一步加剧，产生更多的可燃性气体，使火焰蔓延，发展成一场大火。氧气、温度、燃料构成火三角，三者缺一不可，去其一，火自熄。着火时，热空气上升，冷空气侵入，使新鲜的氧气不断补充进入燃烧面。如果阻隔氧气，火焰窒息，温度下降至着火点以下，燃烧就停止了。

绝大多数常用合成聚合物材料在空气中是可燃或易燃的。与天然聚合物材料相比，合成聚合物材料在燃烧时会产生更多的有毒且具有腐蚀性的气体和烟尘。因此，从生命安全角度讲，由其引起的火灾所造成的后果则更为严重。

3.2.3.2 聚合物的发烟性与释毒性

烟雾是由可见固体或液体微粒悬浮在气体中形成的。聚合物燃烧不但释放大量的热量，而且常常伴随产生大量的烟雾和有毒气体（表3.5）。燃烧不完全时，产生的烟雾更大。就生命安全而言，在火灾中，烟雾和毒气比火焰更具威胁性。据统计，火灾的死亡事故中，约有80%是由火灾前期材料热裂解产生的烟雾和有毒气体窒息、中毒造成的。

表 3.5　常用聚合物燃烧时产生的有毒气体

聚合物	毒性气体产物	聚合物	毒性气体产物
聚烯烃	CO、CO_2	聚氯乙烯	HCl、$COCl_2$、CO、CO_2
聚苯乙烯	CO、CO_2	含氟聚合物	HF、CO、CO_2
聚甲基丙烯酸甲酯	CO、CO_2	聚丙烯腈	HCN、CO、CO_2
聚乙烯醇	CO、CO_2	尼龙-66	HCN、CO、CO_2
聚酯	CO、CO_2	酚醛树脂	苯酚、CO、CO_2
聚硅氧烷	CO、CO_2	脲醛树脂	NH_3、CO、CO_2
乙酸纤维素	CO、CO_2	环氧树脂	苯酚、CO、CO_2
天然橡胶	CO、CO_2	赛璐珞	HCN、CO、CO_2
丁二烯橡胶	CO、CO_2	氯丁橡胶	HCl、$COCl_2$、CO、CO_2
乙丙橡胶	CO、CO_2	丁腈橡胶	HCN、CO、CO_2

3.2.3.3 衡量聚合物阻燃性能的指标

（1）极限氧指数（LOI）

LOI 是指能维持聚合物在 N_2-O_2 混合气体中保持连续燃烧的氧气最小体积分数，可用来评判聚合物材料在空气中与火焰接触时燃烧的难易程度。

$$LOI = \frac{[O_2]}{[N_2]+[O_2]} \tag{3.1}$$

式中，$[O_2]$ 为氧气流量；$[N_2]$ 为氮气流量。

LOI 越小，燃烧所需要的氧气浓度越低或者说燃烧时材料受氧气浓度的影响越小，表明材料越易燃烧，火灾危险性越大。反之，LOI 越大，表示材料燃烧时对氧气浓度的需要量越高。一些常用聚合物的极限氧指数见表3.6。

表 3.6　一些常用聚合物的极限氧指数

聚合物	LOI/%	聚合物	LOI/%
聚乙烯	17.4～17.5	聚甲基丙烯酸甲酯	17.3
聚丙烯	17.4	聚碳酸酯	19.8

聚合物	$LOI/\%$	聚合物	$LOI/\%$
聚苯乙烯	18.1	尼龙-66	24.0
聚氯乙烯	45~49	环氧树脂	26.0~28.0
软质聚氯乙烯	23~40	聚四氟乙烯	>95

由于空气中氧气的体积分数是 20.9%，所以 LOI 小于 20% 的聚合物很容易在空气中被点燃，并持续燃烧。一般认为，$LOI<22\%$ 的为易燃塑料；$22\%<LOI<27\%$ 的为自熄塑料；$LOI>27\%$ 的为难燃塑料。

（2）UL-94

UL-94 为美国保险商实验室公司（Underwriters Laboratories Inc.）所发布的塑胶可燃性标准。它通过观察塑料在直接接触火源时的燃烧情况，将塑料的可燃性划分为三个级别：

V-0 级：离火后 10s 内熄灭，允许滴下不燃烧的颗粒；

V-1 级：离火后 30s 内熄灭，允许滴下不燃烧的颗粒；

V-2 级：离火后 30s 内熄灭，允许滴下燃烧的颗粒。

（3）最大比光密度（D_m）

D_m 是用来衡量塑料发烟量的指标，也称最大烟密度。塑料的 D_m 越大，表明材料燃烧时的发烟量越大，对环境污染、人体伤害越高。塑料燃烧时无烟标准为 $D_m<300$。一些常见聚合物的最大比光密度见表 3.7。

表 3.7 一些常用聚合物的最大比光密度

聚合物	D_m	聚合物	D_m
聚甲基丙烯酸甲酯	2	聚碳酸酯	427
高密度聚乙烯	39	聚苯乙烯	494
聚丙烯	41	ABS	720
聚四氟乙烯	55	聚氯乙烯	720

3.2.3.4 阻燃剂的效应

在保留高分子材料应用性能的前提下，解决聚合物的阻燃、抑烟抑毒问题，最简单、经济、有效的方法就是使用阻燃剂。阻燃剂是一类可以改善聚合物易燃性能的助剂，其阻燃效应可分为 5 类：a. 吸热效应，减慢高分子材料的升温速度；b. 覆盖效应，在较高温度下形成稳定的覆盖层，如分解生成泡沫状物质覆盖于高分子材料表面，可使高分子材料热分解生成的可燃性气体难以逸出，且对材料起隔热和隔绝空气的作用；c. 稀释效应，受热时可产生大量的不燃性气体，使可燃性气体被稀释而达不到燃烧的浓度范围；d. 抑制效应，聚合物的燃烧是按自由基链式反应机理进行，在燃烧产生的高温下，捕获自由基，终止链式反应，可以有效抑制聚合物的燃烧；e. 增强（协同）效应，有些添加剂单独使用并不具有阻燃效果或阻燃效果不明显，但当与其他阻燃剂并用时却能显著提高其阻燃效果。

3.2.3.5 阻燃剂的分类

（1）按作用形式分类

按作用形式，阻燃剂可分为反应型阻燃剂和添加型阻燃剂。反应型阻燃剂在聚合物合成过程中参与反应，并结合到聚合物分子中。该类阻燃剂稳定性好、不易流失、毒性低、对聚合物性能影响较小，但应用不便。添加型阻燃剂则是在高分子材料加工前添加、混合到聚合物体系中，并以物理状态分散在聚合物材料中。添加型阻燃剂使用方便、适用性强、应用广泛，但可能对高分子材料性能有较大影响。

（2）按化合物类型分类

按化合物类型，阻燃剂可分为无机阻燃剂和有机阻燃剂。无机阻燃剂热稳定性好、无毒、不产生腐蚀性气体、效果持久且具有成本优势。缺点是与聚合物基质相容性差，通常会对聚合物材料的加工成型性能、物理性能等产生不利影响。一些重要的无机阻燃剂见表3.8。有机阻燃剂一般分为磷系阻燃剂和卤系阻燃剂。磷系阻燃剂可进一步分为含卤磷系阻燃剂和不含卤磷系阻燃剂，其中，双酚A双（二苯基磷酸酯），简称BDP，具有阻燃、增塑双重作用。卤系阻燃剂则可进一步分为氯系阻燃剂和溴系阻燃剂（表3.9）。这里要特别指出的是，虽然卤系阻燃剂阻燃效果好、用量低、对聚合物性能影响小，但有毒、发烟量较高，会释放出高腐蚀性的HX气体，不仅妨碍逃生、救援工作，而且会腐蚀仪器和设备，造成二次危害。所以，卤系阻燃剂逐渐被禁用。

表3.8 一些重要的无机阻燃剂

化合物	所含元素	起作用的相态
氢氧化铝、碱式碳酸铝钠	Al	固相、气相
硼酸锌、偏硼酸钡	B	液相、固相
铝酸钙	Ca	固相、气相
氢氧化镁	Mg	固相、气相
氧化钼、钼酸铵	Mo	—
红磷	P	液相、固相
氧化锑	Sb	气相
氧化锡、氢氧化锡	Sn	—
氧化锆、氢氧化锆	Zr	—

表3.9 一些重要的有机阻燃剂

磷系阻燃剂		卤系阻燃剂	
种类	名称	种类	名称
不含卤	磷酸三辛酯 磷酸丁乙醚酯 辛基磷酸二苯酯 双酚A双(二苯基磷酸酯)	氯系	氯化石蜡 氯化聚乙烯 全氯环戊癸烷

磷系阻燃剂		卤系阻燃剂	
种类	名称	种类	名称
含卤	磷酸三(氯乙基)酯 磷酸三(2,3-二溴丙基)酯 磷酸三(2,3-二氯丙基)酯	溴系	四溴丁烷 六溴环十二烷 四溴双酚 A 十溴联苯醚

3.2.3.6 阻燃机理

(1) 无机阻燃剂

氢氧化铝[$Al(OH)_3$]和氢氧化镁[$Mg(OH)_2$]用于阻燃主要依赖于其受热时的脱水作用:

$$2Al(OH)_3 \xrightarrow{205℃} Al_2O_3 + 3H_2O$$

$$Mg(OH)_2 \xrightarrow{320℃} MgO + H_2O$$

由于 $Al(OH)_3$ 和 $Mg(OH)_2$ 在高温下分解,可以吸收大量的热量,所生成的水蒸气可稀释可燃性气体、氧气和固体微粒,从而降低了体系的温度,延缓了聚合物热分解速度,抑制了聚合物燃烧,并抑制了烟雾的形成。因此,二者的阻燃机理为吸热作用和稀释效应。

(2) 卤-锑并用阻燃剂

三氧化二锑 (Sb_2O_3) 本身并没有阻燃活性,一般是与卤化物配合使用,二者的配合是协效作用的典型实例。其阻燃机理为:a. 卤化物受热分解成卤化氢 (HX),Sb_2O_3 与 HX 反应生成卤氧化锑 (SbOX) 和三卤化锑 (SbX_3),SbOX 和 SbX_3 可以起到阻燃的作用;b. 卤氧化锑受热分解成 SbX_3,可以吸收热量起到降温的作用,从而降低聚合物分解速度;c. SbX_3 蒸气密度大,具有稀释和覆盖效应。另外,SbX_3 在燃烧区发生分解,能够捕获自由基,且 SbX_3 促进聚合物成炭,进一步起到覆盖作用。

(3) 磷系阻燃剂

磷系阻燃剂低烟、无毒、对材料性能影响小、性价比较高,主要用于纤维素、环氧树脂、聚氨酯及聚酯等含氧聚合物的阻燃。其阻燃机理可分为凝聚相阻燃和气相阻燃。凝聚相阻燃机理如下:在燃烧情况下,磷酸酯分解生成磷酸,进而热聚成聚偏磷酸。聚偏磷酸高效催化含氧聚合物脱水,在材料表面形成炭层,炭层可以起到隔热、隔氧的作用,使传至材料表面的热量降低,聚合物热分解反应速度下降;阻断氧气来源,使火焰窒息。同时,含氧聚合物脱水也可吸热,且生成的水蒸气可以稀释氧气和可燃气体。聚偏磷酸还可形成黏稠的液态膜覆于炭层之上,从而降低了炭层的透气性并对炭层起保护作用。磷系阻燃剂的气相阻燃是由于其可热解形成含有 PO· 的气态产物,PO· 可捕获 H·、HO·,从而抑制了聚合物燃烧的链式自由基反应的进行。

3.3 塑料成型加工方法简介

塑料成型加工的目的在于根据聚合物的使用性能，在一定条件下，利用适当的方法使其成为具有应用价值的制品。这需要通过在成型设备中进行塑料原料的混合、塑化、定型，以及聚合物凝聚态结构、分子链结构的物理和化学变化等过程而实现。塑料成型加工的方法有数十种，最主要的有挤出、注射、压延、模压、吹塑、铸塑、传递模塑等。由于热塑性塑料和热固性塑料受热后的行为不同，因此成型加工方法也有所不同。

（1）挤出成型

挤出成型又称挤压模塑或挤塑，是热塑性塑料最主要的成型方法。热塑性聚合物与各种添加剂混合均匀后，借助螺杆或柱塞的挤压作用，使物料在料筒内受到机械剪切力、摩擦热和外热的作用，进而使塑化均匀的塑料强行通过口模成为具有恒定截面的连续制品，如管材、单丝、薄膜、片材、板材、异型材、电线电缆包覆层等。挤出成型是连续化生产，效率高、加工质量稳定。这类成型方法应用范围广、设备简单、投资少、见效快，适用于大批量生产。绝大多数热塑性塑料及部分热固性塑料，如聚氯乙烯、聚苯乙烯、ABS、聚碳酸酯、聚乙烯、聚丙烯、聚酰胺、丙烯酸树脂、环氧树脂、酚醛树脂等，都可以采用挤出成型的方法加工。

（2）注射成型

注射成型制品约占塑料制品总产量的 20％～30％，在工程塑料中有 80％是采用注射成型，注射机产量约占成型设备总产量的 50％，由此可见注射成型的重要性。注射成型是将粉状或粒状塑料从注射机料斗加入料筒中进行加热熔融塑化，在螺杆的旋转或柱塞挤压作用下，物料被压缩并向前移动，通过料筒前端的喷嘴以很快的速度注入温度较低的闭合模具内，经过冷却（热塑性塑料）或加热（热固性塑料）固化后即可保持注塑模具型腔所赋予的形状，开启模具即得制品。注射成型周期短、生产效率高，可成型形状复杂、尺寸精度要求高及带各种嵌件的塑件制品，生产过程可实现机械化、自动化，对塑料的适应性强。注射成型今后将向着大型化、精密化、自动化、微型化的方向发展。

（3）压延成型

压延成型是生产薄膜和片材的主要加工方法。它是在一定的加工温度下，使黏流态的物料借助相向旋转辊筒间强大剪切力的挤压和延展作用，最终成为具有一定宽度和厚度的薄片制品。塑料和橡胶均有压延成型工艺，塑料中以聚氯乙烯树脂为主要原料，橡胶的压片、压型、黏胶和擦胶也都可以用这种成型方法。压延成型也是一种连续成型的方法，生产效率高、操作方便，辊筒即是成型面，表面可压花纹。

（4）模压成型

模压成型可对热固性塑料、橡胶和增强的复合材料成型，是热固性塑料的重要成型方法。它是将一定的模压物料在模具中加热加压，使物料均匀充满型腔，使其发生化学交联反应而固化的成型方法。模压成型生产效率较高、制品尺寸精确、表面光洁，对结构复杂的制品可一次成型，但压模的设计与制造较复杂，制品尺寸受设备限制，一般适用于制备中小型尺寸的制品。

（5）吹塑成型

吹塑成型是将挤出或注塑成型所得的半熔融态管胚（型胚）放置于各种形状的模具中，在管胚中通入压缩空气使其膨胀紧贴于模具型腔壁上，经冷却脱模得到中空制品的方法，主要用来成型包装容器（瓶、壶、桶）、日常用品、儿童玩具等。吹塑成型时，塑料型坯的温度处于 $T_g \sim T_f$ 并在 T_f 附近，使型坯快速变形并保持形变，然后需要在短时间内冷却到玻璃化温度或结晶温度以下，使成型物的形变被冻结下来。吹塑成型对材料的熔融指数有一定要求，可用于聚乙烯、聚氯乙烯、聚丙烯、聚苯乙烯、乙烯-醋酸乙烯酯共聚物、聚对苯二甲酸乙二醇酯、聚碳酸酯、聚酰胺等，熔融指数在 $0.04 \sim 1.12g/10min$ 范围内的塑料。

（6）滚塑成型

滚塑成型又称旋转成型、回转成型等，是一种热塑性塑料中空成型方法。该方法是先将粉末状或液态塑料原料加入模具中加热，然后模具沿两垂直轴不断自转和公转，模内的塑料原料在重力和热能的作用下，逐渐均匀地涂布、熔融、黏附于模腔的整个表面上，成型为所需要的形状，再经冷却定型而成制品。此法可用来生产各种尺寸、各种形状、敞口或者封闭型的塑料制品，但加工周期比较长，可加工的原料种类有限，常见的有聚乙烯、聚丙烯、尼龙、聚氯乙烯、聚碳酸酯等。

（7）流延成型

流延成型主要用来成型薄膜，包括挤出熔融流延膜和溶剂流延膜两种。流延膜是通过熔体流延骤冷生产的一种无拉伸、非定向的平挤薄膜。相比于挤出吹胀薄膜，流延成型的薄膜生产速率高得多，薄膜还可以直接贴在冷却辊上，冷却效果好，生产的薄膜透明性好，尺寸稳定性也更好，具备热封性。

（8）浇铸成型

高分子的浇铸成型又称铸塑成型，是在常压下将液态单体、预聚物或者聚合物注入模具，经聚合而固化成型，得到与模具内腔形状相同的制品。浇铸成型包括静态浇铸、嵌铸、流延浇铸、搪塑、滚塑等，成型周期较长，尺寸精度不高。

（9）固相成型

与传统成型温度不同的是，固相成型是塑料在熔融温度以下成型的，成型温度范围接近室温，成型时塑料没有明显的流动状态，是在屈服点加压作用下进行的成型，成型材料本身应该是完整的形状近似成品的坯料。此法多用于塑料板材的二次成型加工，如真空成型、压缩空气成型和压力成型等。

3.4　常见的塑料品种

3.4.1　热塑性塑料

热塑性塑料的基本成分是线型高聚物。当前，产量最大、应用最广泛的热塑性塑料是聚乙烯、聚丙烯、聚氯乙烯、聚苯乙烯。这四种塑料的产量占热塑性塑料总产量的80％以上。常见的热塑性塑料品种和重复单元及其应用见表3.10。

表 3.10　常见的热塑性塑料的品种和重复单元及其主要应用

名称	聚合物重复单元	主要应用
聚乙烯(PE)	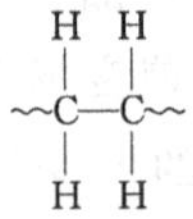	薄膜、电线绝缘层、挤压瓶、管材、日常生活用品
聚氯乙烯(PVC)	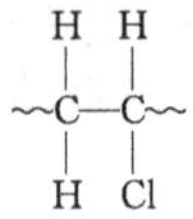	管材、阀门材料、接头、人造革、电线绝缘层、农用薄膜、塑料布
聚苯乙烯(PS)	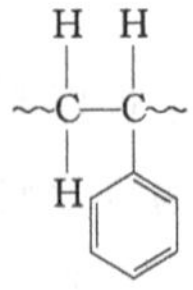	包装材料、电绝缘材料、照明指示、光学仪器零件、绝热泡沫
聚丙烯(PP)	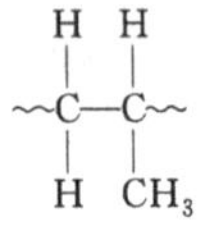	容器、地毯纤维、绳索、包装材料
聚丙烯腈(PAN)	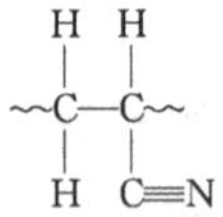	碳纤维前驱体、食品贮存器
聚甲基丙烯酸甲酯(PMMA)	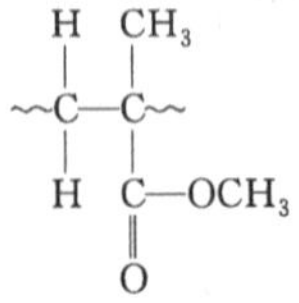	飞机、汽车用窗玻璃、罩盖、透明制件、光学镜片
聚四氟乙烯(PTFE)	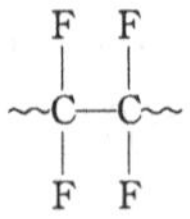	密封件、阀门材料、不粘材料
聚酰胺(尼龙)(PA)	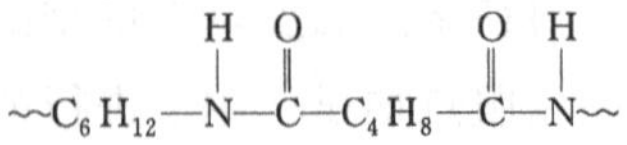	轴承、齿轮、纤维、绳索、汽车部件、电气部件
聚碳酸酯(PC)	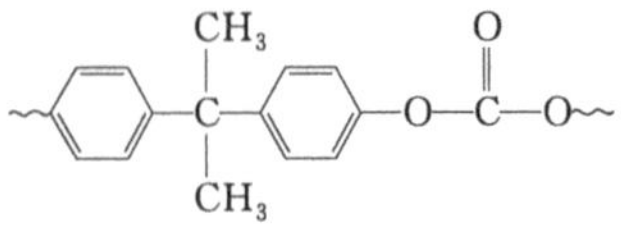	飞机和车船挡风玻璃、防爆玻璃、高温透镜、安全帽、医疗器械
聚甲醛(POM)	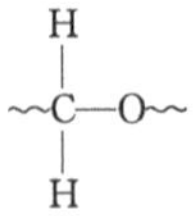	轴承、齿轮、垫圈、电风扇叶片

名称	聚合物重复单元	主要应用
聚对苯二甲酸 乙二醇酯(PET)	~C-〇~〇~C-O-CH₂-CH₂-O~	纤维、电影胶片、录音带、饮料罐

3.4.2 热固性塑料

热固性塑料的基本成分是具有三维网状结构的不熔不溶聚合物,一般都是刚性的。热固性聚合物的固化反应有两种基本类型:a. 缩合反应固化,固化过程中有如 H_2O 或 NH_3 等小分子析出;b. 加成反应固化,固化过程中无小分子物质生成。常见的热固性塑料的树脂及其应用见表3.11。

表 3.11　常见热固性塑料的树脂和主要应用

名称	树脂	主要应用
酚醛塑料	热固性酚醛树脂:碱性(pH=8~11)条件下,过量的甲醛与苯酚反应生成	胶黏剂、涂料、层压板
氨基塑料	由具有氨基官能团的原料与醛类经缩聚反应制得。例如,热固性脲醛树脂由脲与甲醛在稀溶液中于酸或碱催化下生成线型树脂,进一步与固化剂(草酸、邻苯二甲酸等)反应,在100℃左右形成三维网状结构	胶黏剂、炊具、电气器具
环氧树脂	分子中含有环氧基团的聚合物。这类线型结构的低聚物在固化剂(胺、酸酐等)作用下将环氧基打开,相互交联成三维网状结构	胶黏剂、电气器具、复合材料基体树脂
有机硅	以 Si—O—Si 为主链,硅原子上连接有机基团的交联型半无机高聚物。由多官能团的有机硅氧烷经水解缩聚,并进一步在加热或催化剂作用下转变成三维网状结构的热固性树脂	涂料、垫片、密封剂

3.5 聚乙烯

聚乙烯(PE)由乙烯聚合而成,是结构最简单的高分子材料,也是目前世界范围内产量最大的塑料品种。其结构式如下:

$$\text{--}[\text{CH}_2\text{--CH}_2]_n\text{--}$$

聚乙烯结构单元对称、规整,容易结晶,结晶度大于55%,且结晶度随大分子链支化度的降低而提高。在使用温度下,聚乙烯中大量结晶区与少量非晶区并存。

聚乙烯为乳白色蜡状半透明或不透明固体,无嗅、无味、无毒,具有很高的化学稳定性和优异的电绝缘性,易燃。线型聚乙烯的力学性能和热性能依赖于其分子量和结晶度。聚乙烯的品种包括：低密度聚乙烯（LDPE）、高密度聚乙烯（HDPE）、线型低密度聚乙烯（LLDPE）、交联聚乙烯（XLPE）、超高分子量聚乙烯（UHMWPE）、茂金属聚乙烯（mPE）、双峰聚乙烯（BPE）等。

3.5.1 LDPE、HDPE、LLDPE 的结构与性能

LDPE、HDPE、LLDPE 分别于 1937 年、1965 年和 20 世纪 70 年代中期实现了工业化生产。合成工艺的不同（表3.12），造成了 LDPE、HDPE、LLDPE 大分子链支化程度的差异，LDPE 分子链支化度高，长、短支链不规整，呈树枝状；HDPE 支链短且少，分子结构规整；LLDPE 没有长支链，其短支链数目与 LDPE 相当（图3.6）。分子链的支化度显著影响聚合物的结晶性，见表3.13。

表 3.12　普通聚乙烯的工业化生产

品种	生产方法	工业化生产时间
LDPE	高压聚合法（ICI 法）	1937 年
HDPE	中压聚合法（Phillips 法） 低压聚合法（Ziegler 法）	1965 年
LLDPE	低压气相本体法	20 世纪 70 年代

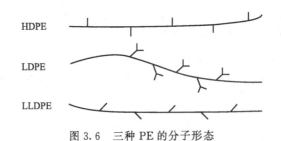

图 3.6　三种 PE 的分子形态

表 3.13　支化度对 PE 结晶性的影响

结构	LDPE	LLDPE	HDPE
短支链支化度[①]/1000C	10～30	10～30	＜10
长支链支化度/1000C	约 30	0	0
结晶度/%	55～65	70～80	80～95

①支化度：主链每 1000 个碳原子上的支链数目。

3.5.1.1　力学与热学性能

PE 结晶度的不同，导致了其力学性能与耐热性能的差异（表3.14）。由于结晶度越高，分子间作用力越大，因此，PE 的拉伸强度、硬度、耐热性能的顺序为 HDPE＞LLDPE＞LDPE。结晶度降低有利于材料柔韧性的提高，因此，缺口冲击强度的顺序为 LDPE＞LLDPE＞HDPE。

对于非金属材料，导热系数主要取决于邻近原子或分子的结合强度。聚合物沿分子链轴向方向是共价键结合，链与链之间是范德华力。在各向同性的聚合物中，其热传导取决于链间作用，导热系数随链间作用力的增强而提高。因此，导热系数的大小顺序为 HDPE＞LLDPE＞LDPE。对于各向同性的聚合物来说，热膨胀系数随链间作用力增强而降低。所以，热膨胀系数的大小顺序为 LDPE＞LLDPE＞HDPE。

表 3.14　几种聚乙烯的性能比较

性能	LDPE	LLDPE	HDPE	UHMWPE
密度[①]/(g/cm^3)	0.91～0.92	0.91～0.92	0.94～0.96	0.92～0.94
透明性	半透明	半透明	不透明	不透明
熔点/℃	105～115	122～124	131～137	135～137
拉伸强度/MPa	7～15	15～25	21～37	30～50
缺口冲击强度/(kJ/m^2)	80～90	＞70	40～70	＞100
硬度	D41～D46	D40～D50	D60～D70	R55
热变形温度(HDT)/℃	50	75	78	95
用途	薄膜等	薄膜、管材、片材、板材等	硬塑料制品、管材、单丝等	耐热、耐腐蚀管材、容器、薄膜，可作工程塑料使用

①在高分子链重复单元相同的情况下，密度可反映高聚物的结晶度，密度越大，结晶度越高。

3.5.1.2　耐环境应力开裂能力

塑料受到应力（残余应力、使用中产生的应力等）和外界环境（溶剂、表面活性物质、氧气等）的综合作用而发生的脆性破坏现象称为环境应力开裂（environment stress cracking，简称 ESC）。PE 是 ESC 极为敏感的材料，PE 的分子链结构，如分子量、结晶度、支化度、支链尺寸等，显著影响材料的耐环境应力开裂性（environmental stress cracking resistance，简称 ESCR）。PE 片晶之间的连接链，即系带分子（属于非晶态）具有抵抗 ESC 的能力。分子量越高的 PE，其结构中的系带分子越多。因此，PE 的 ESCR 随着 PE 分子量的提高而增强。结晶度对 ESCR 的影响比较复杂。结晶度高，一方面降低了片晶间的系带分子数量，致使 ESCR 下降；另一方面却又通过提高材料的化学稳定性，使 ESCR 提高。但一般来说，前一个效应的影响更加明显。增加链的支化度，增大了分子链间相对滑动的阻力，可以提高 ESCR。在支化度相同的情况下，较长支链会发生缠结，导致分子间的移动阻力增大，相对滑动困难，从而提高了 ESCR。

对于 HDPE、LDPE、LLDPE 的 ESCR 来说，其大小顺序一般是 LDPE＞LLDPE＞HDPE。

3.5.1.3　加工性能

PE 的吸水率低，因此加工前不必干燥。对于熔体流动速率（MFR），分子量和支化度对其影响较大，如果分子量相同，支化度的提高，将导致熔体流动速率的下降。因此，一般来说，LDPE 的熔体流动性低于 HDPE。PE 的结晶能力强，容易引起制品的收缩。

3.5.2　交联聚乙烯

PE 的交联是提高其材料性能的重要手段之一。将 PE 大分子间作用力由物理作用转变为化学键合，从线型结构转变为体型结构，可以克服 PE 的不足，显著提高 PE 的综合性能，如力学性能、耐热性能、耐环境应力开裂性能、耐化学药品腐蚀性能、抗蠕变性和电性能等。PE 的交联可以通过辐射交联和化学交联两种方法实现。

（1）辐射交联

利用 γ 射线等高能射线照射 PE，引发聚乙烯大分子产生自由基，使大分子链间产生交联：

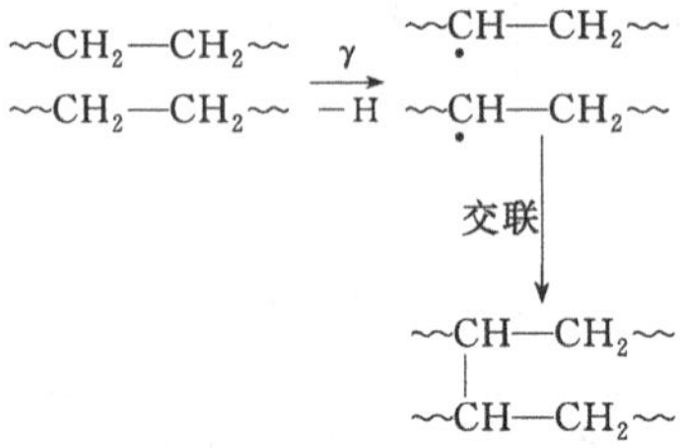

$$\sim CH_2-CH_2\sim \quad \xrightarrow[-H]{\gamma} \quad \sim \overset{\cdot}{C}H-CH_2\sim$$
$$\sim CH_2-CH_2\sim \qquad\qquad \sim \overset{\cdot}{C}H-CH_2\sim$$

交联 ↓

$$\sim CH-CH_2\sim$$
$$\sim CH-CH_2\sim$$

辐射交联的优点是产品纯净、电绝缘性好、产品质量高；缺点是设备复杂、昂贵，且运行中安全防护要求也比较苛刻。

（2）化学交联

化学交联分为过氧化物交联和硅烷交联等。过氧化物交联采用过氧化二异丙苯（DCP）作为引发剂：

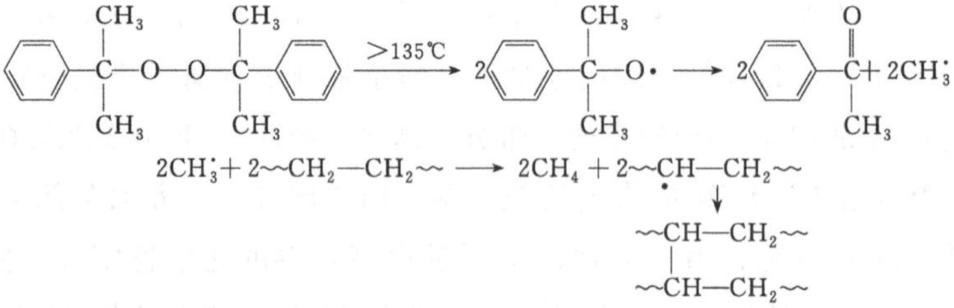

$$2CH_3^{\cdot}+2\sim CH_2-CH_2\sim \longrightarrow 2CH_4+2\sim \overset{\cdot}{C}H-CH_2\sim$$
$$\downarrow$$
$$\sim CH-CH_2\sim$$
$$\sim CH-CH_2\sim$$

硅烷交联是在 PE 中引入乙烯基有机硅氧烷，并在 DCP 作用下，生成网状结构 PE：

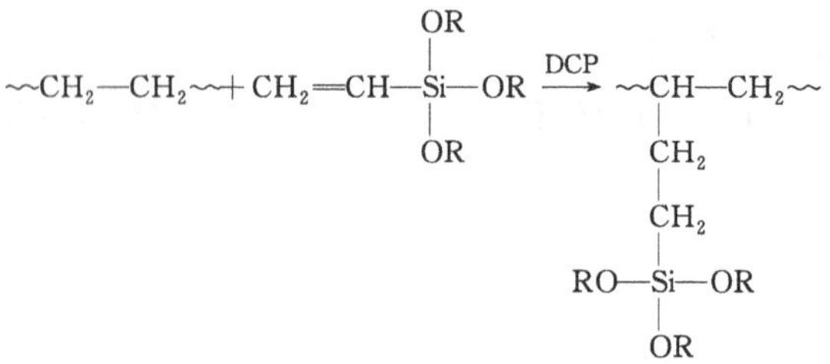

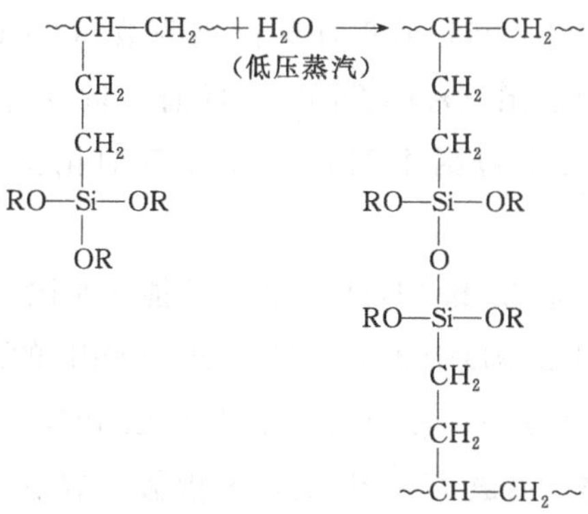

$$\sim CH-CH_2\sim + H_2O \longrightarrow \sim CH-CH_2\sim$$

（低压蒸汽）

交联聚乙烯（XLPE）可用于军用器械，如火箭、导弹、战车、电机等所需的耐高压、高频、耐热的绝缘材料和电线电缆包覆物；用作电线、通讯电缆、电子电缆接头的绝缘护套和电力电缆等方面的热收缩膜等。

3.5.3 超高分子量聚乙烯

分子量超过 100 万的聚乙烯，称为超高分子量聚乙烯（UHMWPE）。其分子结构与普通聚乙烯相同，结晶度介于 HDPE 和 LDPE 之间，但其非常高的分子量增加了分子链的柔性，并导致了非常强烈的分子链间缠结从而使，UHMWPE 具有许多普通聚乙烯所没有的优异性能。因此，UHMWPE 是一种新型的工程塑料。UHMWPE 的耐磨性比碳钢高 10 倍，居塑料之冠；耐冲击性居于工程塑料前茅，在液氮（－196℃）中仍能保持优异的冲击强度；冲击能吸收性是所有塑料中最高的；耐低温性优异，液氦温度（－269℃）下仍具有延展性。UHMWPE 纤维具有高强度、低密度、高模量、耐腐蚀、耐紫外线等性能，是现有比强度最高的商业化高性能纤维。

由于 UHMWPE 的熔融黏度高，流动性很差，所以加工成型困难。目前，其主要加工方法有三种：压制-烧结法、挤压成型法和注塑成型法。一些新型的加工方法，如连续薄板成型、热冲击成型等，目前应用还不够广泛。

UHMWPE 主要用于制造不黏、耐磨、抗冲击、自润滑的机械零部件，如机械工业中的传动部件、齿轮、轴承衬瓦、导轨、滑道衬垫、密封圈等。由于其生物相容性好，还用于制造人体内部器官，如人工关节、肌腱、韧带等。在宇航、原子能、船舶、低温工程等方面也有应用。UHMWPE 纤维可用于军工、体育器材等的制造，还可用于制造防弹衣。

3.5.4 其他聚乙烯

3.5.4.1 茂金属聚乙烯

茂金属聚乙烯（mPE）是在茂金属催化体系作用下由乙烯与 α-烯烃（如 1-己烯、1-辛烯）共聚的产物，其分子量高且分布窄，共聚单体在分子链上的分布均匀，具有优异的力学性能和可加工性能。1991 年 6 月美国埃克森（Exxon）石油公司首次工业化生产了茂金属线型低密度聚乙烯（mLLDPE）。目前，世界范围内有十几家大型石化公司可以工业化生产 mPE，其中包括中国石化齐鲁石油化工公司和中国石油大庆石化公司。

表 3.15 为分子量相近的 mPE 和 LDPE 结构与性能的对比。从表 3.15 可以看出，mPE 与 LDPE 支化度相近，但 mPE 密度低于 LDPE，表明 LDPE 的结晶度高于 mPE。这是由于 mPE 分子链上具有长支链。虽然 mPE 的结晶度低于 LDPE，但机械强度显著高于 LDPE。mPE 分子结构中存在长支链，造成了 mPE 的熔融指数（MI）低于 LDPE，熔体流动性较差。然而表示聚合物温敏性的黏流活化能（E_a），却是 mPE 远远高于 LDPE，这表明有望通过升高温度达到降低熔体黏度、改善加工性的目的。另外，在分子量相同的情况下，长支链聚合物的分子链必然较短，在高剪切速率下聚合物链伸展，具有长支链的 mPE 的流动阻力必然低于普通 PE，可有效改善高聚物的加工性。

与普通聚乙烯薄膜相比，mPE 薄膜韧性高、耐穿刺强度高、耐撕裂、使用寿命长，加之热密封起始温度低、热密封强度高，因而非常适用于快速包装生产线、热封连续包装生产线、重包装生产线，还可应用于农产品包装、普通食品包装、捆扎包装、金属容器衬里、尿布背衬、防渗片材、土工膜等方面。

表 3.15 mPE 和 LDPE 结构与性能的差异

样品	mLLDPE	LDPE
共聚单体	乙烯-辛烯	乙烯-丁烯
$M_w/\times 10^{-4}$	9.13	9.6
M_w/M_n	2.27	3.93
支化度①	12.08	12.28
密度/(g/cm³)	0.9003	0.9219
拉伸强度/MPa	27.4	16.4
扯断伸长率/%	>600	>600
MI/(g/10min)	1.6	2.0
E_a/(kJ/mol)	62.370	34.852

①指 1000 个碳所含甲基数。

3.5.4.2 双峰聚乙烯

双峰聚乙烯（BPE）的分子量呈现双峰特征（图 3.7），是低分子量、低支化 PE 和高分子量、高支化 PE 的共混物。高分子量部分可赋予聚合物强度、韧性和 ESCR，低分子量部分可保证聚合物的刚性，同时提供增塑的作用以改善聚合物的加工性能。BPE 实现了刚性、韧性、加工性能三者的平衡，已成为聚烯烃高性能化的重要发展方向。目前，BPE 主要应用于薄膜、建材、管材、吹塑成型材料、注塑成型材料、电线电缆护套等领域。

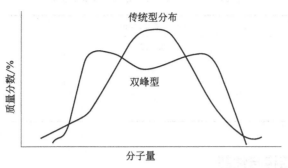

图 3.7　BPE 分子量分布示意图

3.6　聚四氟乙烯

氟是极为活泼的非金属元素，它能够与烃类发生剧烈反应，生成氟化烃。1938 年，美国杜邦公司实现了四氟乙烯的聚合，但由于第二次世界大战的影响，直至 1950 年聚四氟乙烯（polytetrafluoroethylene，简称 PTFE）才得到了工业化生产，其商品名为 Teflon。PTFE 为全氟聚合物，即所有的 C—C 链都是用氟原子饱和的。其结构式为：

$$\left[CF_2—CF_2\right]_n$$

PTFE 是白色不透明蜡状粉末，无嗅、无味、无毒，密度较大，为 $2.14 \sim 2.20 g/cm^3$。

3.6.1　氟原子及其碳氟键的特点

氟（F）在元素周期表中的位置在第Ⅶ主族，原子序号为 9，核外电子的排布是 $1s^2 2s^2 2p^5$。F 是非金属中最活泼的元素，其具有两个固有的特性：强的电负性（3.98）和小的范德华半径（在液体和分子晶体中，分子间保持一定的接触距离，即每个分子占有一定的体积，范德华半径就是指相邻分子间相互接触的原子表现出来的半径）。

F 强的电负性，致使 C—F 键的键长短，键能大（表 3.16）。有机化合物中 F 越多，C—F 键的键长越短，键能越大（表 3.17）；随着有机化合物中 F 增多，C—C 键的键长也随之缩短（表 3.17）。

表 3.16　碳键的键长与离解能

C—X 类型	C—X 键长/nm	C—X 离解能/(kJ/mol)
C—C	0.153	345.8
C—Si	0.189	301.4
C—F	0.142	485.7
C—Cl	0.177	339.1

表 3.17　F 对 C—F、C—C 键长的影响

有机化合物	C—F 键长/nm	C—C 键长/nm
CH₃F	0.142	—
CF₄	0.136	—
全氟烯烃	—	0.147
一般烯烃	—	0.153

3.6.2　PTFE 的结构与性能

（1）高的结晶度与熔点

氟原子半径较小，为 0.066nm，不及 C—C 键长（0.153nm）的一半，所以，氟原子能紧密地排列在碳原子的周围。因此，PTFE 大分子简单而有规则，极易结晶，结晶度可以高达 95%。

氟原子的范德华半径（0.14nm）比氢原子的（0.12nm）略大。为了减少非成键氟原子间的相互作用，整个大分子链（C—C 主链）呈轻微的螺旋形结构，氟原子均匀地围绕在 C—C 主链的四周，把 C—C 主链完全覆盖起来，成为一个完整的圆柱体，使整个分子十分僵硬，分子转动势垒很大，因此具有很高的熔点。PTFE 的熔点高达 327～342℃。

（2）优异的化学稳定性

PTFE 分子量大、结晶度高、熔点高，且 C—C 主链四周的一层氟原子外壳起着屏蔽作用，阻挡了各种试剂的侵入，所以在 300℃ 以下时没有一种溶剂能使它溶解和溶胀。除了金属钠（熔融状态）及某些氟化物以外，PTFE 能耐各种强酸、强碱、油脂、有机溶剂及强氧化性试剂（包括重铬酸钾、高锰酸钾及王水等），因而有"塑料王"之称。PTFE 对紫外线和臭氧的作用稳定，长期暴露在大气中，表面及各项性能保持不变，具有优异的耐候性能。

（3）突出的热稳定性

PTFE 的热稳定性很高，200℃ 下加热 1 个月，分解量小于百万分之二，升温至 400℃ 以上才有微量失重。其工作温度为 -250～260℃。

（4）优异的电性能

C—F 键极性很大，但由于 PTFE 分子是对称的，各个偶极相互抵消而成为非极性的大分子，所以它的电性能特别优越。在 0℃ 以上时，其介电性能不随频率、温度的变化而变化，也不受湿度、腐蚀性气体的影响。

（5）极低的摩擦系数

由于 PTFE 为非极性大分子，其与其他物体间的黏结性极差，摩擦系数很低，润滑性优异，且摩擦系数不随温度的变化而变化。

（6）优异的阻燃性能

PTFE 的阻燃性能非常突出。不加阻燃剂，其 UL94 可达 V-0 级，极限氧指数高达

95%，居塑料之首。

（7）低的机械性能

由于 PTFE 为非极性大分子，分子间作用力小，且分子链刚性强，呈难弯曲的螺旋型链，无法发生 PTFE 分子间的缠结。因此，这种材料的机械强度不大，仅有中等的拉伸强度，硬度较低，承载时容易发生蠕变现象。

（8）难以加工

由于分子量较大，分子链刚性强，熔体黏度高等，PTFE 不能采用热塑性塑料熔融加工的方法进行加工。可以采用类似金属粉末冶金的方法，先冷压成坯，再进行烧结。由于 PTFE 的导热性较低，烧结时的升温速率不能过快，否则容易导致局部热分解。此外，冷却速率的控制也很重要，因其对 PTFE 结晶度影响很大，进而影响材料的最终性能。

3.6.3　PTFE 的应用

由于具有热稳定性、耐腐蚀性、电性能等优异性能，且具有自润滑性和不黏性，PTFE可用于制造化工设备、机械上的防腐零部件，电子电器上的绝缘材料，防腐蚀耐热密封件，塑料加工、食品工业、家用器具的防粘层，各种活塞环、轴承、导轨等。因其生理惰性，PTFE 还可用于人工血管、人工心肺装置、疝气补片、机械瓣等植介入医疗领域。

3.6.4　PTFE 的改性

（1）加工性

PTFE 的加工性差，不能热塑性加工。可以通过降低 PTFE 的分子结构规整性来降低分子链的刚性，从而提高熔体流动性，如合成聚氯三氟乙烯（PCTFE）、全氟烷氧基树脂（PFA）、聚全氟乙丙烯（FEP）：

$$\left[CF_2 - CFCl \right]_n$$
PCTFE

$$\left[(CF_2 - CF_2)_x (CF_2 - CF)_y \right]_n$$
$$OC_3F_7$$
PFA

$$\left[(CF_2 - CF_2)_x (CF_2 - CF)_y \right]_n$$
$$CF_3$$
FEP

（2）机械性能

通过在 PTFE 中填充玻璃纤维、石墨、二硫化钼、金属粉、液晶高分子等可以提高其力学强度、耐磨损性、尺寸稳定性。

1. 请简述增塑剂的作用原理，并指出提高增塑剂耐久性的方法。

2. 为什么受阻酚属于链终止型抗氧剂？

3. 请分别举例说明阻燃剂的"吸热效应""覆盖效应""稀释效应""抑制效应"。

4. 论述影响 PE 耐环境应力开裂性能的结构因素。

5. 请写出下列聚合物的中文全称和重复单元结构：

PE，PVC，PS，PP，PMMA，PTFE，PA，PC，POM，PET。

6. 请阐述热塑性塑料和热固性塑料的本质差别。

7. 为什么 UHMWPE 的密度介于 LDPE 和 HDPE 之间，却可以作为工程塑料使用？

8. 为什么 PVC 塑料拖鞋夏天穿着感觉柔软，而冬天感觉坚硬呢？

9. 请解释 PTFE 具有"塑料之王"之称的缘由。

参考文献

[1] 高长有. 高分子材料概论. 北京：化学工业出版社，2018.

[2] 张留成，瞿雄伟，丁会利. 高分子材料基础. 3 版. 北京：化学工业出版社，2015.

[3] 韩冬冰，王慧明. 高分子材料概论. 北京：中国石化出版社，2003.

[4] 林宣益. 涂料助剂. 3 版. 北京：化学工业出版社，2006.

[5] 唐岩，李延亮，王群涛，裴小静. 茂金属催化剂及茂金属聚乙烯现状. 合成树脂及塑料，2014，31（2）：76-80.

[6] 仲伟霞，毛立新，华幼卿. 茂金属聚乙烯结构与拉伸性能的研究. 北京化工大学学报，2001，28（3）：31-33.

[7] 李红明，张明革，袁苑，义建军. 双峰分子量分布聚乙烯的研发进展. 高分子通报，2012，4：1-10.

[8] 孙鑫，申红望，谢邦互，杨伟，杨鸣波. 摩尔质量分布的双峰相对高度对聚乙烯断裂及力学性能的影响. 塑料工业，2011，39（2）：75-77，86.

第**4**章

弹性体

弹性体泛指在除去外力后能恢复原状的高分子材料。橡胶是最具代表性的一类弹性体。橡胶在很宽的温度范围内（－50～150℃）具有优异的弹性，是一种在外力作用下能发生较大的形变，当外力解除后又能迅速恢复其原来形状的聚合物。与橡胶相比，弹性体的范畴更为广泛。随着弹性体技术的发展，现在橡胶和弹性体已成为同义词，经常互相代用，但两者并非完全相同。例如，橡胶的优越特性往往需要通过交联后才能充分发挥，而一些弹性体则不然；一些弹性体材料如热塑性弹性体，可以不经过传统的橡胶工艺而直接用塑料加工手段来制造。

橡胶根据来源可分为天然橡胶和合成橡胶，根据性能和用途可分为通用合成橡胶、特种合成橡胶和其他合成橡胶等。

人类使用天然橡胶的历史十分久远，最早可追溯到公元前 1600 年，如中美洲的橡胶球，巴西土著的防水布料和橡胶靴等。1839 年，美国发明家固特异在做试验时，无意之中把盛橡胶和硫黄的罐子丢在炉火上，橡胶和硫黄受热后流淌在一起，形成了块状胶皮，从而发明了橡胶硫化法，使得橡胶成为真正实用化的工业产品。进入 20 世纪后，橡胶的需求量大增，被用于轮胎、胶带、胶鞋、密封制品、乳胶制品、儿童玩具、日用杂货、织物涂层等。随着工业技术的发展，橡胶已广泛应用于生产线输送带、发动机传动、高铁减震、载人飞船与空间站密封、保障油气深采井安全生产的封隔器、坦克橡胶零件、潜艇吸声瓦、抗震减灾、微电子设备等高技术装备。橡胶逐步成为继石油、铁矿和有色金属之后的第四大战略资源。

4.1 橡胶的基本结构与性能

橡胶具有在小应力下发生大形变的能力，也具有迅速恢复的特性。橡胶的弹性原理不同于金属，金属的弹性来自金属原子间键结的伸缩和扭曲，橡胶的弹性来自高分子材料的触变行为。橡胶处于松弛状态时，微观状态下缠绕的高分子长链可以不断地旋转、扭动；当橡胶受到外力拉扯时，微观状态下的高分子长链被拉直，此时长链的旋转、扭动等相对减少。外力对弹性体做功并以热能的形式储存于分子链中，可以视为绝热过程。在拉伸橡胶的过程中，动能转换为热能，熵值下降，系统对环境放热，橡胶的系统温度下降；在弹性体分子链的松弛过程中，热能转换成动能，熵值上升，系统对环境吸热，橡胶的系统温度上升。

具有高弹态的橡胶物理性能是极其特殊的：一方面，橡胶是固体，有稳定的外形尺寸，在小形变时的弹性响应符合胡克定律；另一方面，橡胶也像液体，其热膨胀系数和等温压缩系数等与一般小分子化合物液体在相同的数量级，表明橡胶分子间的相互作用与液体相似；此外，橡胶也像气体，橡胶发生形变的作用力随温度的增加而增加，与气体的压强随温度增加而增加类似。

与金属材料相比，橡胶具有以下几个特点：a. 橡胶高弹性的本质是熵弹性，熵越大越稳定，而金属材料的弹性则是能弹性，能量越低越稳定；b. 橡胶的可逆弹性形变大，最高可达1000%，即一根完好的橡胶条可以在拉伸10倍后还能恢复到它原来的状态，而金属材料的可逆弹性形变一般不会超过百分之几；c. 橡胶的弹性模量小，只有$10^5 \sim 10^6$ N/m^2，比一般金属的弹性模量10^{10} N/m^{2}约小4～5个数量级；d. 橡胶随温度增加高弹模量是增加的，而金属材料的弹性模量随温度的增加而减小；e. 橡胶在快速拉伸（绝热过程）时，会因拉力做功产生的热量不能及时传递给周围环境而升温，金属材料则会降温。

具有上述特点的橡胶，其分子链需为柔性长链，并需要适度交联，如图4.1所示。

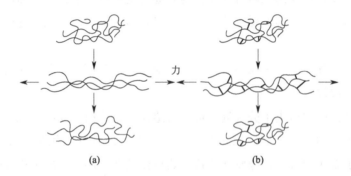

图 4.1　不含交联键时，施加力会引起弹性形变和塑性形变，去除负载后，弹性体发生永久形变（a）；
含有交联键时，施加力仍可发生较大的形变，去除负载时，弹性体得以恢复（b）

柔性长链使得橡胶卷曲的分子链在外力作用下通过链段运动，改变构象而舒展开来，而除去外力又恢复到卷曲状态，即具有熵弹性。适度交联可以阻止橡胶分子链间由质心发生位移导致的黏性流动。橡胶的结构影响因素是分子链的柔顺性，其玻璃化温度T_g应比室温低很多，使用条件下不结晶或结晶度很小，此外，受力时无分子链间的相对滑动，即无冷流现象等。

4.2　橡胶的基本组成与加工

4.2.1　橡胶的基本组成

橡胶的组成包括基础组分和配合剂。其中基础组分可以是生胶和再生胶；配合剂包括硫化体系、补强填充剂、防老剂和其他配合剂；硫化体系是起交联作用的化学试剂；补强填充剂可以提高机械性能，降低成本；防老剂可以防止和延缓橡胶老化，延长使用寿命；其他配合剂包括软化剂、着色剂、发泡剂、隔离剂等。

（1）生胶

生胶是指没有经过加工的处于未交联状态的橡胶，分子链呈线型结构，为橡胶配方的关键材料。生胶可以是单一胶种，也可以是多胶种并用，或为橡塑共混料。生胶的品种决定了橡胶最基础的特性。

（2）硫化体系

硫化体系包括硫化剂、促进剂、防焦剂和活化剂。其中，硫化剂可引起弹性体交联，使橡胶大分子间形成交联的三维网状结构，使橡胶有较高的强度、弹性等物理机械性能。硫化剂的种类丰富，如硫、有机多硫化物、有机过氧化物、金属氧化物、胺类、特种硫化剂等。促进剂可以促进弹性体硫化，缩短硫化时长，常用的类型有噻唑类、秋兰姆类、次磺酰胺类、醛胺类、硫脲类等。防焦剂是防止橡胶胶料在加工过程中发生早期硫化现象的物质。早期硫化，也称焦烧，是橡胶的一种超前硫化行为，即在硫化前的各项工序（炼胶、胶料存放、挤出、压延、成型）中出现的提前硫化现象。焦烧的危害包括加工困难、影响产品的物理性能及外表面光洁平整度，甚至会导致弹性体产品接头处断开等情况。防焦剂的关键品种有各类胺类和取代酚等。活化剂能提高促进剂的活性，也称为助促进剂，关键种类是金属氧化物和有机酸，如氧化锌、氧化镁、硬脂酸、月桂酸等，其中氧化锌、硬脂酸等可以并用。

（3）补强填充剂

补强剂包含各种类型的炭黑、白炭黑等，在胶料中起补强作用，可使橡胶的拉伸强度、硬度等力学性能得到明显的增强。填充剂包括陶土、碳酸钙、硅粉等，主要起填充、降低成本的作用，对橡胶的物理机械性能贡献较小。随着碳纳米管、石墨烯等新型纳米填充材料的开发，填充剂不仅可以提高橡胶的抗疲劳、耐裂纹扩展等性能，还具有改变材料的介电性能等多重功效。

（4）黏合体系

黏合体系可以增强橡胶与骨架材料如钢丝帘线、纤维、织物间的结合。常见的黏合体系包括间苯二酚甲醛和白炭黑体系、钴盐体系、间苯二酚乙醛树脂（RE）体系或间苯二酚甲醛树脂与钴盐并用体系等。

（5）加工助剂

加工助剂包含各类操作油、塑解剂、均匀剂、分散剂等。在橡胶中加工助剂主要是用于增强胶料的易加工性、降低能耗，起到润滑、增黏、调节硫化胶硬度等作用。常见的加工助剂包括各类石油系软化剂、合成酯类、酚醛树脂类、芳香二硫化物、石油树脂、烷基酚醛树脂类、芳香二硫化物、五氯硫酚等。

（6）其他组分

其他组分包括着色剂、偶联剂、防静电剂、发泡剂、溶剂等。

橡胶的配方需要依据产品的应用条件，如温度、介质、受力情况以及其他特殊要求，挑选合适的胶种及配合剂以确保获得最佳物理机械性能。橡胶的配方还要特别注意生产工艺的可行性，如胶料混炼的易操作性、物料易分散性和流动性、挤出产品表面光洁度等。在保证胶料性能及加工工艺可行性的前提下，应尽量降低材料成本，加速硫化速率，提高生产效率。此外，橡胶配方中应尽量避免应用有可能污染环境的原材料，以降低环境污染和保障操作人员健康。

4.2.2　橡胶的加工成型

橡胶加工成型最基本的工艺流程为：塑炼→混炼→压延和压出→成型→硫化。塑炼是将生胶由弹性状态转变为可塑状态，混炼是将生胶与配合剂均匀混合，压延和压出则是将橡胶延展成片或制成各种形状的半成品。硫化又称交联、熟化，因天然橡胶制品用硫黄作为交联剂而得名，硫化是在一定的温度、压力条件下，使线型大分子由线型转变为网状结构的过程。

在橡胶的整个加工成型过程中，硫化对橡胶产品的质量影响显著。例如，聚异戊二烯链的硫化交联中，引入硫原子链，其中硫原子链的连接位点是通过氢原子的重排或消去以及不饱和键的断裂而形成的，如图4.2所示。极化后的硫原子或硫离子会夺取聚二烯烃中的氢原子，形成烯丙基碳阳离子。碳阳离子先与硫反应，然后再与聚异戊二烯的双键加成，如此反复，将聚异戊二烯中各个分散的链段通过硫原子连接起来，形成空间网状结构。通过控制橡胶网状结构中的单硫键和多硫键的比例，可以实现对橡胶性能的调控。为了加快其硫化速度，缩短硫化时间，往往会将硫黄和促进剂一起配合使用。

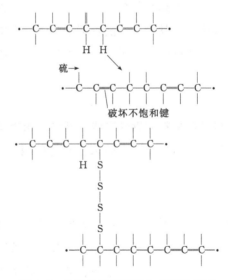

图 4.2　橡胶分子链的硫化交联示意图

橡胶的成型是将各种形状和尺寸的胶料按产品的不同要求黏合在一起，是橡胶产品加工中比较关键的工序。不同类型橡胶制品的成型方法与设备不尽相同。传统的加工方法都是将橡胶先成型为一定形状半成品，然后硫化为成品，即使最简单的橡胶模压制品也需准备胶坯，然后在平板硫化机上进行模压硫化。从 20 世纪 50 年代开始，在塑料加工的基础上，发展了移模硫化和注压硫化，即将胶料直接注入模具中进行成型硫化，自动化程度高。

液体橡胶是一种在室温下为黏稠状流动性液体的低聚物，经过适当化学反应可形成三维网状结构。如前所述，固体橡胶要成为产品，必须与各种配合剂经历多道工序，而液体橡胶只需将各种配合剂掺合进来，通过加热进行交联即可制得产品。液体橡胶平均摩尔质量较低，分子量约 2000～10000，可以保持流动状态，能在进行交联的同时发生分子链增长反应，以获得足够高的强度。液体橡胶和配合剂掺合后仍处于液体状态，用它制作小型零部件时，向小缝隙内注入液体橡胶后就可以固化，在加工操作方面十分方便。

类似地，采用粒径在 1mm 以下的粉末状橡胶，可进行橡胶制品的注压，从而简化、改善加工工艺。粉末橡胶的制造方法有机械粉碎法、喷雾干燥法、急骤干燥法、冷冻干燥法和包囊法等。无论使用何种方法生产粉末橡胶，都存在颗粒积聚和结块问题，因此必须在粉末表面加隔离剂。常用的隔离剂主要分为无机隔离剂和有机隔离剂两类，其中无机隔离剂有碳酸钙、滑石粉等；有机隔离剂有聚氯乙烯隔离剂、淀粉-黄原酸盐等。

4.3 天然橡胶

天然橡胶（nature rubber，简称 NR）通常是指从橡胶树上采集的天然胶乳，经过凝固、干燥等加工工序而制成的弹性固状物。橡胶树原产于巴西亚马孙河流域，1492 年，著名航海家哥伦布在南美大陆发现了橡胶并带回欧洲。

天然橡胶是一种以顺-1,4-聚异戊二烯为主要成分的天然高分子化合物，其余为蛋白质、脂肪酸、灰分、糖类等非橡胶物质。天然橡胶中，橡胶烃（顺-1,4-聚异戊二烯）含量在 90% 以上。天然橡胶独特的顺-1,4-聚异戊二烯分子结构中，与碳碳双键相连的两个甲基可以自由旋转，并且自由旋转时非极性分子间的相互作用力小，具有良好的柔顺性。杜仲胶是从杜仲树中获取的天然高分子材料，主要由反-1,4-聚异戊二烯组成，是顺-1,4-聚异戊二烯的同分异构体。反式聚异戊二烯因为立体结构的关系，有着更加规整的分子结构，更容易结晶。杜仲胶与天然橡胶在宏观上有着很大的差别，常温条件下，杜仲胶由于结晶的存在表现为硬质塑料态，而天然橡胶分子结构呈非晶态分布，表现为有很高弹性的弹性体。聚异戊二烯的四种异构体如图 4.3 所示。

天然橡胶的 T_g 约为 −72℃，当温度低于 T_g 时，天然橡胶碳碳单键的旋转变得十分缓慢，链状结构趋于固定的几何形状，天然橡胶将丧失弹性成为脆性物质，但只要再加热，又可以恢复弹性，整个过程是可逆的。天然橡胶的弹性在所有通用橡胶中仅次于顺丁橡胶，其杨氏模量约为钢材料的 1/3000，伸长率约为钢铁的 300 倍。天然橡胶的回弹率在 0～100℃范围内可达 50%～85%，升温至 130℃时，仍能保持正常的使用性能。天然橡胶的聚合度

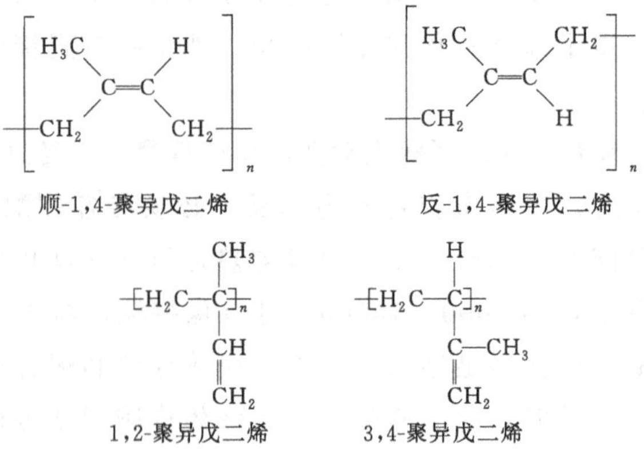

顺-1,4-聚异戊二烯   反-1,4-聚异戊二烯

1,2-聚异戊二烯   3,4-聚异戊二烯

图 4.3 聚异戊二烯的四种异构体

很高，可达 10000，分子量在 3 万～3000 万的范围内，平均可达 30 万。天然橡胶的分子量分布宽，呈双峰分布规律，其中低分子量部分有利于天然橡胶的加工，高分子量的部分使天然橡胶具有较高的强度及性能。天然橡胶中的顺-1,4-聚异戊二烯结构可在低温或拉伸下结晶，10℃以下开始结晶，−25℃结晶最快，室温下结晶慢。在不加补强剂的条件下，天然橡胶能在低温下或拉伸过程中取向结晶，结晶、非晶结构共存，晶粒分布于非晶态的橡胶中起物理交联点的作用，使本身强度提高，属自补强橡胶。

天然橡胶中顺-1,4-聚异戊二烯中含有碳碳双键，可以硫化，硫化前的天然橡胶可以视为具有热塑性，硫化以后则倾向于热固性。为了使天然橡胶兼具热塑性和热固性的性质，通常只进行较低程度的硫化处理。硫化的天然橡胶中，每 200 个碳原子中有一个和硫发生反应，便足以产生极大的性能提升。天然橡胶中带有给电子的甲基，会使碳碳双键的电子云密度增加，α-H 的活性增大。不饱和碳碳双键的硫化速度快，但也容易产生老化，能够与自由基、氧、过氧化物、紫外线及自由基抑制剂反应。天然橡胶对臭氧化反应很敏感，在空气中容易与氧进行自动催化氧化的连锁反应，导致分子链断裂或过度交联，发生黏化和龟裂，使物理机械性能下降。此外，光、热、形变、金属都会促使天然橡胶老化。未加防老剂的天然橡胶在强烈阳光下暴晒 4～7 天后即出现龟裂现象，与一定浓度的臭氧接触，甚至在几秒内即发生裂口。不耐老化是天然橡胶的弱点，可通过添加防老剂改善其耐老化性能。

天然橡胶中，除了占主要成分的橡胶烃，非橡胶成分对天然橡胶制品的外观质量、理化指标等也有着显著影响，是天然橡胶分级的重要指标。非橡胶成分中，蛋白质含量约为 2%～3%，丙酮抽出物约为 1.5%～4.5%，还包括 0.2%～0.5% 的灰分和约 0.3%～1.0% 的水分。这些非橡胶成分中，蛋白质有防止老化作用，能分解放出氨基酸而促进天然橡胶的硫化，但容易使橡胶吸收水分和发霉，且降低制品的绝缘性，此外，蛋白质还容易使人过敏。丙酮抽出物包括高级脂肪酸、软化剂、硫化活化剂、固醇、防老剂、少量的胡萝卜素以及物理防老剂等。灰分为无机盐类物质，主要是钙、镁、钾、钠、铜、锰等，灰分的存在将影响天然橡胶的电性能和老化性能。水分含量高，容易使橡胶制品产生气泡。

天然橡胶的制造包括植物采胶、凝固、除水、干燥、烟熏、压片等工艺，并按照来源和分级进行分类。天然橡胶可与其他橡胶并用，是应用最广的通用橡胶，被广泛用于轮胎、胶管、胶带和各种工业橡胶制品。

4.4 合成橡胶

合成橡胶是采用化学方法合成的，以区别于从橡胶树生产出的天然橡胶。合成橡胶在20世纪初开始生产，从20世纪40年代起得到了迅速的发展。合成橡胶一般在性能上不如天然橡胶，但因具有高弹性、绝缘性、气密性、耐油、耐高温或低温等性能，且不受橡胶树种植的地理条件限制，发展很快，产耗量都超过天然橡胶，被广泛应用于工农业、国防、交通及日常生活中。

通用合成橡胶主要有丁苯橡胶（SBR）、顺丁橡胶（BR）、异戊橡胶（IR）。特种合成橡胶是具有特殊性能和用途，能在苛刻条件下使用的合成橡胶，如丁基橡胶（IIR）、丁腈橡胶（NBR）、乙丙橡胶（EPM、EPDM）、硅橡胶（SiR）、丙烯酸酯橡胶（ACM）、氟橡胶（FKM）、氯醚橡胶（CO、ECO）等。此外，氯丁橡胶（CR）既可以作为通用橡胶又可以作为特种橡胶使用。目前，天然橡胶约占全部橡胶用量的45%；其次是丁苯橡胶，占合成橡胶用量的40%~50%；特种橡胶约占1%。随着对橡胶制品性能要求的提高，特种橡胶用量会越来越高。

合成橡胶按化学结构分为碳链橡胶和杂链橡胶。其中碳链橡胶主要有：不饱和非极性橡胶（天然橡胶、丁苯橡胶、顺丁橡胶、异戊橡胶）、不饱和极性橡胶（丁腈橡胶、氯丁橡胶）、饱和非极性橡胶（乙丙橡胶、丁基橡胶）以及饱和极性橡胶（氢化丁腈橡胶）。杂链橡胶包括：硅橡胶、聚氨酯橡胶、氯醚橡胶等。合成橡胶按交联方式可分为化学交联的传统橡胶和热塑性弹性体，其中热塑性弹性体又被称为第三代橡胶。合成橡胶按原料形态可分为块状固体橡胶、粉末橡胶和液体橡胶。合成橡胶也可分成二烯类橡胶、烯烃类橡胶以及特种橡胶，其中二烯类橡胶包括异戊二烯橡胶、丁二烯橡胶、丁苯橡胶、丁腈橡胶、氯丁橡胶等；烯烃类橡胶包括乙丙橡胶、丁基橡胶、氯化聚乙烯橡胶等。

4.4.1 二烯类橡胶

（1）聚异戊二烯橡胶

聚异戊二烯（polyisoprene）是异戊二烯（2-甲基-1,3-丁二烯）的聚合物。由于聚异戊二烯橡胶与天然橡胶有着相似的化学组成、立体结构和力学性能，从而具有广阔的应用前景。

工业上重要的聚异戊二烯橡胶是顺-1,4-聚异戊二烯，又称"天然乳胶"或"异戊橡胶"，于1958年出现。顺-1,4-聚异戊二烯橡胶的立体结构、化学组成等都与天然橡胶相近，在一定程度上可以取代天然橡胶。聚异戊橡胶窄的分子量分布使其纯度更高，塑炼耗时较短，生产工艺简单，此外，聚异戊橡胶还具有颜色浅、流动性比较小等优点。聚异戊橡胶可与天然橡胶共混，用于轮胎胎面胶、胶带、食品塑料用胶、工艺橡胶原料、胶黏剂等。

顺-1,4-聚异戊二烯橡胶的生胶强度、加工性能、黏着性以及硫化橡胶的耐疲劳性等都要比天然橡胶差，分子量低于天然橡胶，使得两者在物理性能上存在差别。反-1,4-聚异戊二烯橡胶即合成杜仲橡胶，又称古塔波橡胶、巴拉塔橡胶，是顺-1,4-聚异戊橡胶和天然橡胶的同分异构体。由于具有反式构型，分子链分布周期短、结构规整，反-1,4-聚异戊二烯在室温下是一种易结晶的材料，常作为塑料使用。这里应该指出，即使是反式结构含量高（如98%），反-1,4-聚异戊二烯的结晶度也不过30%，与结晶度通常在50%~60%以上的聚乙烯、聚丙烯等聚烯烃塑料相比，仍然较低。当反式结构含量低于90%时，反-1,4-聚异戊二烯难以结晶，表现出弹性体性质。反-1,4-聚异戊二烯分子链中含有双键，同样可以进行硫化，当硫化程度超过临界值时，反-1,4-聚异戊二烯的结晶被严重限制，室温下成为一种弹性体材料。反-1,4-聚异戊二烯具有优异的低生热、低滚阻、耐疲劳、耐磨耗性能，特别适用于需要节能、安全、长寿命的轮胎、铁路、汽车减震行业。然而，由于反-1,4-聚异戊二烯的结晶性，其抗湿滑性相比于天然橡胶等有所下降，对于高性能轮胎是不利的。

3,4-聚异戊二烯的分子链节上带有"异丙烯基"这一体积较大的侧基，用其制备的轮胎胎面胶具有优异的抗湿滑性能。随着3,4-聚异戊二烯质量分数的增加，橡胶的耐油、耐水和电性能提高，具有较高的抗滑性能、较低的滚动阻力和耐磨耗性能，又不会像丁苯橡胶严重地生热。因而，3,4-聚异戊二烯可应用于高性能轮胎的制造，此外，在密封材料、抗震材料中也有应用。但3,4-聚异戊二烯的力学性能较差，不能单独用于轮胎，只能复合使用。

顺-1,4-聚异戊二烯橡胶采用溶液聚合法制备。目前主要有锂系、钛系和稀土系3种催化体系。其中钛系制得的顺式含量可高达98%，技术相对成熟；锂催化体系制得的顺式含量只有92%左右；稀土催化体系制得的顺式含量则有95%左右。通过催化时选择最佳聚合温度以及合适的催化剂配比，可以有效地提高顺式聚异戊二烯的含量。

一直以来人们都希望得到和天然橡胶性能相同的合成聚异戊二烯橡胶，但是结果并不理想。虽然二者的化学结构非常相近，但是合成聚异戊二烯橡胶不具备天然橡胶所独有的端基结构，以及由此形成的天然网络结构，也不具备天然橡胶所含少量但非常重要的非橡胶组分，这使得合成聚异戊二烯橡胶的性能与天然橡胶相比还有较大差距。天然橡胶中存在拉伸诱导结晶和低温诱导结晶，特别是由非橡胶组分和天然交联网络共同作用导致的应变诱导结晶，是天然橡胶自补强的主要原因，这赋予了天然橡胶优异的力学性能，因而合成聚异戊橡胶的力学性能不及天然橡胶优异。此外，天然橡胶中非橡胶组分作用还使得天然橡胶和金属等材料之间有着优异的黏合性能。到目前为止，还没有其他通用橡胶可以完全替代天然橡胶在橡胶制品中的作用。

（2）聚丁二烯橡胶

聚丁二烯橡胶（polybutadiene）为 1,3-丁二烯的聚合物，按结构不同可分为顺-1,4-聚丁二烯、反-1,4-聚丁二烯以及 1,2-聚丁二烯，如图 4.4 所示。

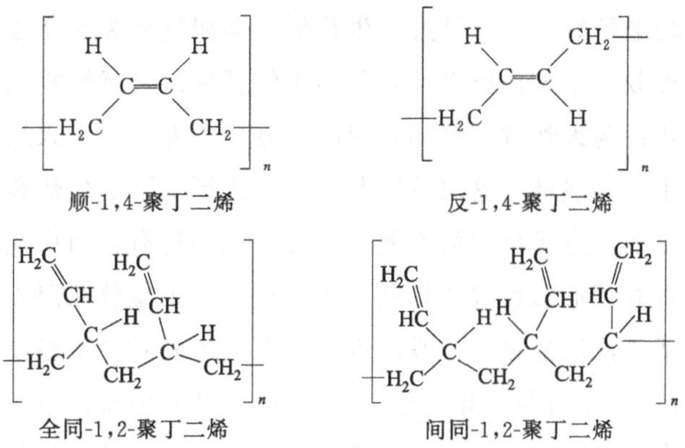

图 4.4 聚丁二烯的不同结构

不同结构的聚丁二烯性能差别很大。顺-1,4-聚丁二烯的分子结构比较规整，主链上无取代基，分子间作用力小，分子长而细，分子中有大量的可发生内旋转的碳碳单键，使分子十分"柔软"，T_m 为 2℃，T_g 为 −108℃，具有高弹性和低滞后性，拉伸时可结晶，密度为 1.01 g/cm^3。反-1,4-聚丁二烯分子链的结构比较规整，在室温下即可结晶，T_m 为 148℃，T_g 为 −80℃，在常温下是弹性很差的塑料。

1,2-聚丁二烯由于是以 1,2 加成为主，分子链内旋转势垒较高，分子链内旋转困难，柔性较低，导致其玻璃化温度较高，T_g 为 −15℃，低温性能较差，密度为 0.93g/cm^3。根据乙烯基的排列情况，1,2-聚丁二烯还有无规、全同和间同立构之分，由于间同-1,2-聚丁二烯上含有大量的乙烯基侧链，保护了主链的双键不被攻击，所以两种作用综合结果是 T_g 随乙烯基含量的增加而升高。这种乙烯基侧链结构可以提高橡胶材料的抗湿滑性、耐老化性、低生热性等。全同立构的 1,2-聚丁二烯熔点为 128℃，间同立构的 1,2-聚丁二烯熔点为 156℃。

通常的聚丁二烯是由顺式 1,4、反式 1,4 和 1,2 结构无规地键接在一起，当反式 1,4 结构含量大于 90％时，由于其分子链的高度对称规整，在室温下即可结晶，这时的聚丁二烯就属于典型的热塑性塑料；当反式 1,4 结构含量在 40％ ～ 80％之间时，聚丁二烯就表现为弹性体。无规-1,2-聚丁二烯主要用作橡胶材料，间同-1,2-聚丁二烯兼具橡胶和塑料的性质。按照微观结构相对含量的不同，聚丁二烯橡胶可以分为五大类：高顺式聚丁二烯橡胶（顺式 1,4 结构含量≥90％）、低顺式聚丁二烯橡胶（顺式 1,4 结构含量 35％～45％）、高乙烯基聚丁二烯橡胶（1,2 结构含量≥ 65％）、中乙烯基聚丁二烯橡胶（1，2 结构含量 35％～65％）和高反式聚丁二烯橡胶（反式 1,4 结构含量≥65％）。

聚丁二烯橡胶的微观结构主要通过选择不同的催化体系来加以控制。采用钴、镍、稀土等体系所构成的 Ziegler-Natta 催化体系制备的聚丁二烯橡胶，顺式 1,4 结构含量达 95％以上，称为高顺-1,4-聚丁二烯橡胶，简称顺丁橡胶，是目前世界上产量最大、应用最广的丁二烯橡胶品种。顺丁橡胶是结晶性橡胶，但结晶能力不强，结晶对应变的敏感性低，这也是顺丁橡胶的自补强性比天然橡胶低得多的原因之一。

顺丁橡胶的 T_g 很低，低温物理性能良好，耐寒温度低于 $-55℃$。与天然橡胶相比，顺丁橡胶具有弹性高、耐磨性好、耐寒性好、生热低、耐屈挠性和动态性能好等特点。顺丁橡胶的拉伸强度比天然橡胶、丁苯橡胶都低，其撕裂强度也比天然橡胶低，必须加入炭黑等补强剂。顺丁橡胶的耐热性与天然橡胶相同，但耐热老化性能却优于天然橡胶。顺丁橡胶的耐磨性优异、滞后损失小、生热低，这对橡胶制品在多次形变下的生热和永久变形的降低都十分有利。顺丁橡胶的主要缺点是抗湿滑性差，在湿路上易打滑，而反式结构的聚丁烯橡胶具有较低的滚动阻力、良好的抓着性和优良的抗湿滑性。顺丁橡胶在混炼前不需要塑炼，混炼胶的压出性能良好，适于注压成型，但黏着性差。顺丁橡胶对加工温度的变化较敏感，当开炼机辊温在 $60℃$ 以上时，胶料易脱辊，给加工带来一定的困难。顺丁橡胶的冷流性较大，这对生胶的包装、贮存和半成品的存放都提出了较高的要求。顺丁橡胶可与天然橡胶等多种橡胶并用，主要用于制造轮胎，还可用于制造耐磨制品（如胶鞋、胶辊）、耐寒制品和防震制品，以及作为塑料的改性剂。

（3）丁苯橡胶

丁苯橡胶（styrene butadiene rubber，简称 SBR），又称聚苯乙烯-丁二烯共聚物，其合成单体为 1,3-丁二烯和苯乙烯，其结构式如图 4.5 所示。

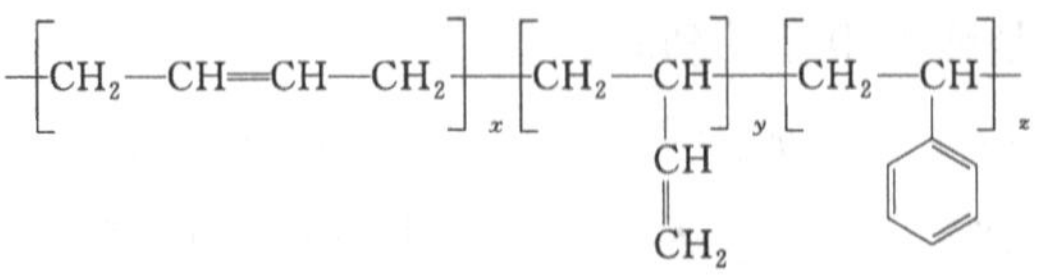

图 4.5　丁苯橡胶结构式

丁苯橡胶是最大的通用合成橡胶品种，也是最早实现工业化生产的合成橡胶品种之一。丁苯橡胶的物理性能、加工性能及制品的使用性能都接近于天然橡胶，有些性能如耐磨、耐热、耐老化及硫化速度较天然橡胶更为优良，可与天然橡胶及多种合成橡胶并用，广泛用于轮胎、胶带、胶管、电线电缆、医疗器具及各种橡胶制品的生产等领域。

影响丁苯橡胶的结构与性能的主要参数包括：大分子链的共聚组成、丁二烯的微观结构、分子量及其分布和序列结构。丁苯橡胶的大分子链由丁二烯单元和苯乙烯单元共聚组成，因此，两种单体的比例即共聚组成对丁苯橡胶性能的影响是首要的。随着丁苯橡胶中乙烯基含量的增加，胶料的撕裂强度、扯断伸长率、邵氏硬度、永久变形均会有所增加。丁苯橡胶中，丁二烯单元的微观结构主要是指其 1,4 结构和 1,2 结构的质量分数，其中 1,4 结构中还包括顺式和反式结构。顺式结构含量的提高能降低 T_g，使分子链的柔顺性更好，提高弹性体的耐磨性能，但加工性能与强度会下降。反式 1,4 结构的对称性高，构象能量低，更易排入晶格，其含量增多会提高 T_g，使弹性体的模量和加工性能变好，但会使分子链的柔顺性变差，弹性降低，滞后损失增大，耐寒性也变差。1,2 结构丁二烯上的乙烯基相当于一个大的侧基，使得分子链变得较僵硬，增加 1,2 结构含量同样会导致 T_g 升高，分子链的柔顺性变差，滚动阻力增大，但抗老化性能、加工性能、力学性能得以提高。特别是，增加 1,2 结构含量能显著提高丁苯橡胶的抗湿滑性能，虽然内摩擦生热也会略有提高，耐磨性能会略有下降，但并不显著。1,2 结构含量可高达 40%～70%（质量分数）。苯乙烯上的苯环是一个大的刚性侧基，有着空间位阻效应，一方面，随着苯乙烯含量的升高，丁苯橡胶的 T_g 升高，分子链的柔顺性变差，弹性降低，硬度和内耗生热增加，但拉伸强度、扯断伸长率、耐磨性能、抗湿滑性能和加工性能将显著提高。另一方面，苯乙烯含量的增加，将降低主链上双键的含量，使丁苯橡胶的耐热氧、臭氧老化性能提高。为了得到具有优异综合性能的丁苯橡胶，通常调控苯乙烯的含量在 20%～30%。苯乙烯链段在大分子链中以无规结构和嵌段结构两种形式存在。苯乙烯微嵌段可以降低橡胶的滚动阻力，但是苯乙烯大的嵌段使得丁苯橡胶的刚性和位阻增大，将严重损害橡胶的弹性、强度和耐磨性，还将导致滞后损失增加，这对于丁苯橡胶的综合性能是不利的。苯乙烯微嵌段的含量应当控制在 10% 以下。

丁苯橡胶的分子量可达几十万到几百万。分子量高有利于提高橡胶的弹性、物理机械性能，但不利于成型加工。分子量分布宽，则强度低、链端多、内耗大，但加工性能好；分子量分布窄，则强度高、链端少、内耗小，但加工性能不好。分子链支化度高有利于加工性能，但不利于力学强度，同时会造成链端多、内耗大。丁苯橡胶的分子量高和分布窄常导致其加工性能较差，可通过填充油来起到增塑的作用，改善加工性能。充油丁苯橡胶具有加工性能好、生热低、低温屈挠性好等优点，用于胎面橡胶时具有优异的牵引性能和耐磨性，充油后橡胶可塑性增强，易混炼，同时可降低成本、提高产量。目前，世界上充油丁苯橡胶约占丁苯橡胶总产量的 50%～60%。

丁苯橡胶为非结晶性橡胶，不具备自补强性，必须使用补强填料补强，补强后能达到纯天然橡胶硫化胶的水平，但耐撕裂性能低于天然橡胶。丁苯橡胶内耗大，动态生热和滚动阻力高，耐屈挠疲劳性低于天然橡胶。由于丁苯橡胶双键浓度较低和苯环的体积位阻效应，其反应活性比天然橡胶低，硫化速度较慢，但耐热氧老化性、耐臭氧性、耐磨性（高温，长时间）优于天然橡胶。作为非极性二烯类橡胶，丁苯橡胶的耐溶剂性能以及电绝缘性能与天然橡胶相似。

按聚合工艺，丁苯橡胶分为乳聚丁苯橡胶（ESBR）和溶聚丁苯橡胶（SSBR）。与溶聚丁苯橡胶工艺相比，乳聚丁苯橡胶工艺在成本方面更占优势，全球丁苯橡胶装置约有 75% 的产能是以乳聚丁苯橡胶工艺为基础的。乳聚丁苯橡胶具有良好的综合性能、工艺成熟、应用广泛，产能、产量和消费量在丁苯橡胶中均占首位。乳聚丁苯橡胶为自由基聚合机理，高温（50℃）乳聚时，由过氧化物引发，凝胶含量高；而低温（5℃）乳聚时为氧化还原引发，凝胶少，加工性好。溶聚丁苯橡胶为阴离子聚合机理，1960 年投入工业化生产，与乳聚丁苯橡胶相比，滚动阻力低 20%～30%、抗湿滑性高 3%、耐磨性高 10%，在绿色轮胎中获得广泛应用。通过控制催化剂和反应条件，可以得到部分嵌段的序列结构，即无规-嵌段结构。与低温乳聚丁苯橡胶相比，溶聚丁苯橡胶的弹性高、内耗低、滚动阻力小，耐磨性能高、抗湿滑性相同或略高，应用广泛。

（4）丁腈橡胶

丁腈橡胶（NBR），是丙烯腈与丁二烯单体的共聚物，其结构式如图4.6所示。

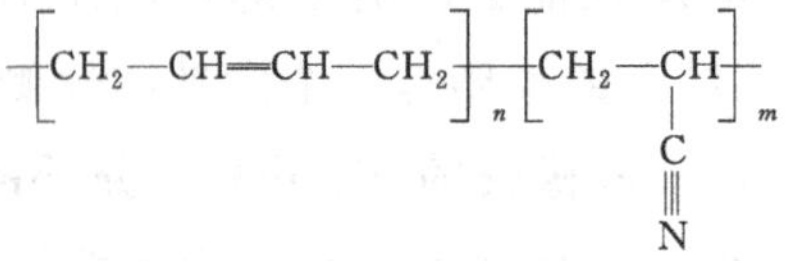

图4.6 丁腈橡胶结构式

丁腈橡胶中，丁二烯单体可共聚成顺式1,4结构、反式1,4结构和1,2结构三种不同的链结构。典型的丁腈橡胶结构中反式1,4结构约占78%，主要采用低温乳液聚合法生产。由于丁腈橡胶分子链结构中含有氰基，其耐油性（如耐矿物油、液体燃料、动植物油和溶剂）优于天然橡胶、氯丁橡胶和丁苯橡胶，可以在120℃的空气中或在150℃的油中长期使用。丁腈橡胶中丙烯腈含量越多，相对密度越大，硫化速度越快，耐油性越好，但回弹性能下降，耐寒性变差，此外，由于氰基容易被电场极化，因而介电性能下降。丁腈橡胶还具有良好的耐水性、气密性及优良的黏结性能，以及耐磨性较高、耐热性较好、黏结力强、耐化学稳定性好、加工性能良好等优点。丁腈橡胶的缺点是耐低温性差、耐臭氧性差、绝缘性能差、弹性稍低，在酸性汽油和高温环境中使用性能不如氟橡胶和丙烯酸酯橡胶。丁腈橡胶主要用于制造耐油橡胶制品，如耐油垫圈、垫片、套管、软包装、软胶管、印染胶辊、电缆胶材料等，在汽车、航空、石油、复印等行业中已成为必不可少的弹性材料。目前还出现了性能优异的氢化丁腈橡胶，以及具有极超耐寒性和高纯度的丁腈橡胶及羧基丁腈橡胶等。

（5）氯丁橡胶

氯丁橡胶（neoprene），又称氯丁二烯橡胶、新平橡胶，以氯丁二烯（2-氯-1,3-丁二烯）为主要原料进行α-聚合而生产，其结构如图4.7所示。

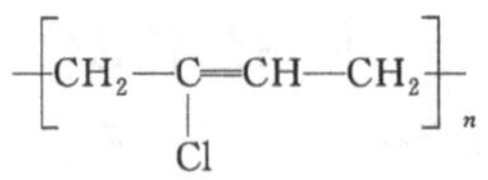

图4.7 氯丁橡胶结构式

和天然橡胶一样，氯丁橡胶在结构上具有不饱和的碳碳双键，双键的存在可为橡胶的硫化提供反应点，但在光、热、氧等作用下，易受氧和臭氧以及其他试剂攻击而导致老化。氯丁橡胶结构中含有极性氯原子，氯原子属于吸电子基，会降低碳碳双键的亲电加成反应活性，从而影响氯丁橡胶的硫化。同时，由于氯原子对双键的保护作用，使氯丁橡胶的耐油性、耐热性、耐光性、耐热氧老化性、耐臭氧老化性、耐酸碱性、耐化学试剂性等均优于天然橡胶。氯丁橡胶具有较高的拉伸强度、伸长率和可逆的结晶性，黏结性好。氯丁橡胶是二烯类橡胶中耐热性最好的，与丁腈橡胶相当，分解温度可达230～260℃，短期可耐120～

150℃，可在 80~100℃长期使用。同时，由于氯原子的存在，还使氯丁橡胶具有优异的耐燃性。但由于氯原子基团的极性，氯丁橡胶的电绝缘性较差，耐寒性和贮存稳定性较差，会产生"自硫"现象，导致门尼黏度增大，生胶变硬。氯丁橡胶被广泛应用于抗风化产品、黏胶鞋底、涂料和火箭燃料等。

4.4.2　烯烃类橡胶

（1）乙丙橡胶

乙丙橡胶是以乙烯和丙烯为基础单体合成的共聚物，乙烯和丙烯单体呈无规则排列，失去了聚乙烯或聚丙烯结构的规整性，从而成为弹性体。20 世纪 50 年代，纳塔以乙烯、丙烯为原料，采用 Ziegler-Natta 型催化体系进行配位共聚合，率先成功地合成了具有优良抗臭氧和耐热等特性的完全饱和二元乙丙橡胶。

根据单体单元组成不同，有二元乙丙橡胶和三元乙丙橡胶之分。二元乙丙橡胶为乙烯和丙烯的共聚物，以 EPM 表示，由于分子不含双键，不能硫化，因而限制了它的应用，在乙丙橡胶商品牌号中只占总数的 15%~20%。三元乙丙橡胶为乙烯、丙烯和少量非共轭二烯烃第三单体的共聚物，以 EPDM 表示，其结构式如图 4.8 所示。

三元乙丙橡胶的侧链上含有二烯烃，在进行共聚反应时，仅有一个活性大的双键参加反应，另一个活性较小的双键保留在共聚物分子链上成为不饱和点，供硫化使用。三元乙丙橡胶主链是饱和的，这个特性使得其具有较好的耐热、耐日光、耐臭氧等性能。三元乙丙橡胶本质上是非极性的，具有抗极性溶液和化学试剂能力，吸水率低，绝缘特性良好。三元乙丙橡胶中非共轭二烯烃第三单体的种类和含量对硫化速度、硫化性能均有直接影响。其中，以双环戊二烯（DCPD）作为第三单体，虽然价格较低，但此三元乙丙橡胶的硫化速度慢，难以与高不饱和度的二烯烃类橡胶并用。以乙叉降冰片烯（ENB）、6,10-二甲基-1,5,9-十一三烯等为第三单体的三元乙丙橡胶硫化速度快，已成为三元乙丙橡胶的主要品种。

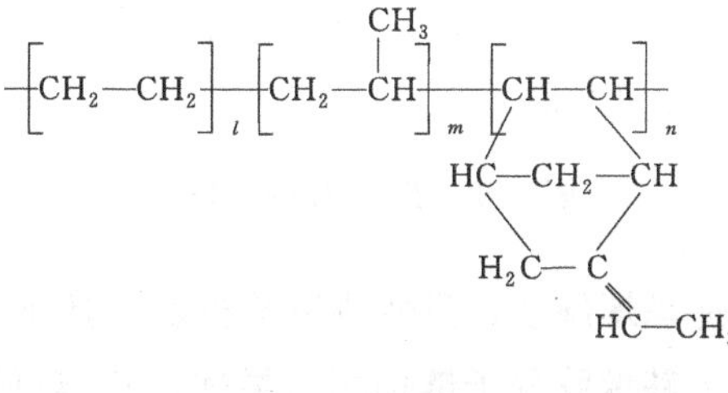

$$\left[CH_2-CH_2\right]_l\left[CH_2-\underset{\underset{CH_3}{|}}{CH}\right]_m\left[CH-CH\right]_n$$

图 4.8　三元乙丙橡胶橡胶结构式

乙丙橡胶中，乙烯/丙烯含量比对乙丙橡胶生胶和混炼胶性能及工艺性能均有直接影响。一般认为，乙烯含量控制在 60% 左右，才能获得较好的加工性和硫化胶性能，乙烯含量较高时，具有易挤出、挤出表面光滑、挤出件停放后不易变形的特点，而丙烯含量较高时则具有较好的低温性能。由于乙丙橡胶分子结构中无极性取代基，分子内聚能低，分子链可在较宽温度范围内保持柔顺性，仅次于天然橡胶和顺丁橡胶，并在低温下仍能保持。同样，由于乙丙橡胶缺乏极性，不饱和度低，因而对各种极性化学品如醇、酸、碱、氧化剂、制冷剂、洗涤剂、动植物油、酮和脂等均有较好的抗耐性，但在脂属和芳属溶剂（如汽油、苯等）及矿物油中稳定性较差，在浓酸长期作用下性能也会下降。乙丙橡胶制品在120℃下可长期使用，在150～200℃下可短暂或间歇使用。以过氧化物交联的三元乙丙橡胶可在更苛刻的条件下使用，在臭氧浓度$50×10^{-8}$、拉伸30%的条件下，可保持150h以上不龟裂。乙丙橡胶有优异的耐水蒸气性能，在230℃过热蒸汽中，近100h后外观无变化。而氟橡胶、硅橡胶、氟硅橡胶、丁基橡胶、丁腈橡胶、天然橡胶在同样条件下，经历较短时间外观发生明显劣化现象。乙丙橡胶的电绝缘性能和耐电晕性优于或接近丁苯橡胶、氯磺化聚乙烯、聚乙烯和交联聚乙烯等。

乙丙橡胶的重均分子量为20万～40万，数均分子量为5万～15万，黏均分子量为10万～30万。重均分子量与门尼黏度密切相关，随着门尼值的提高，乙丙橡胶的填充能力也得以提高，但加工性能变差。硫化后的乙丙橡胶拉伸强度、回弹性均有提高。分子量分布宽的乙丙橡胶则具有较好的开炼机混炼性和压延性。乙丙橡胶是密度较低的一种橡胶，其密度为$0.87g/cm^3$，可大量充油和加入填充剂，其低密度和高填充性弥补了乙丙橡胶生胶价格高的缺点，可广泛用于汽车部件、建筑用防水材料、电线电缆护套、耐热胶管、胶带、汽车密封件、润滑油改性等领域。

（2）丁基橡胶

丁基橡胶（isobutylene isoprene rubber，简称 IIR）由异丁烯与少量异戊二烯通过低温阳离子共聚合而制得，结构式如图 4.9 所示。丁基橡胶于 1943 年投入工业化生产，是全球第四大合成橡胶品种。丁基橡胶的聚合是以阳离子反应进行的，反应温度低、速度快、放热集中，且聚合物的分子量随温度的升高而急剧下降。因此，需迅速排出聚合热以控制反应在恒定的低温下进行，聚合温度需维持在－100℃（采用乙烯及丙烯作冷却剂）。

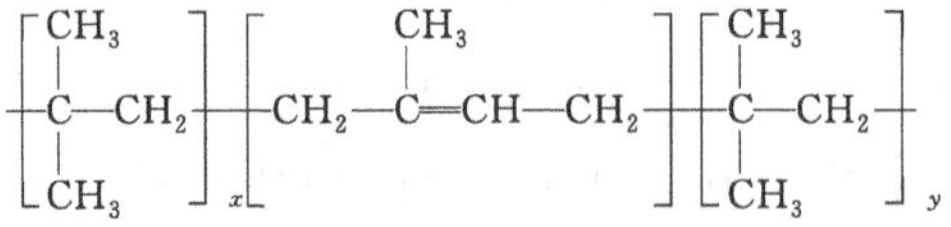

$$\left[\begin{array}{c} CH_3 \\ | \\ C-CH_2 \\ | \\ CH_3 \end{array}\right]_x \left[CH_2-\begin{array}{c} CH_3 \\ | \\ C=CH-CH_2 \end{array}\right] \left[\begin{array}{c} CH_3 \\ | \\ C-CH_2 \\ | \\ CH_3 \end{array}\right]_y$$

图 4.9　丁基橡胶结构式

丁基橡胶分子链空间构造呈螺旋状，虽然侧甲基较多，但分布在螺旋两侧的每一对甲基彼此都错开一定角度，所以丁基橡胶分子链仍相当柔软，T_g 较低，弹性也较好。丁基橡胶分子构造中缺少双键，且侧链甲基分布密度较大，因而具有吸收震动和冲击能量的特性。一方面，丁基橡胶在高变形速度下的阻尼性质是聚异丁烯链段所固有的，在很大程度上不受温度、不饱和度、硫化形态和配方改动的影响，是较为理想的隔音减震材料。另一方面，丁基橡胶分子链中侧甲基陈列密集，限制了分子链的热运动，因而透气率低，气密性好，是天然橡胶的 8 倍以上。丁基橡胶分子链的高饱和度使之具有很高的耐臭氧性和耐气候老化性，耐臭氧性优于天然橡胶，是丁苯橡胶的 10 倍。丁基橡胶对大多数无机酸和有机酸都具有优异的抗腐蚀性，虽然它不耐浓氧化酸如硝酸和硫酸，但能耐非氧化酸和中等浓度的氧化酸，并耐碱。丁基橡胶的电绝缘性和耐电晕性较好，介电常数为（1kHz）为 2～3，功率因数（100Hz）为 0.0026。丁基橡胶的水浸透率极低，在常温下的吸水率比其他橡胶低，具有良好的化学稳定性和热稳定性。丁基橡胶最突出的是气密性和水密性，丁基橡胶对空气的透过率仅为天然橡胶的 1/7，丁苯橡胶的 1/5，而对蒸汽的透过率则为天然橡胶的 1/200，丁苯橡胶的 1/140。丁基橡胶广泛用于轮胎的内胎和气密层、硫化胶囊制品、医用瓶塞、汽车部件、密封剂、黏合剂和建材制品等。

为改善丁基橡胶硫化速度慢、与其他橡胶共混性差的缺点，1960 年以来出现了卤化丁基橡胶，主要有氯化丁基橡胶和溴化丁基橡胶两种。卤化丁基橡胶是将丁基橡胶溶于烷烃或环烷烃中，在搅拌下进行卤化反应制得的。它含溴约 2%或含氯约 1.1%～1.3%，分别称为溴化丁基橡胶和氯化丁基橡胶。丁基橡胶卤化后，硫化速度大大提高，与其他橡胶的共混性以及黏结性也有明显提高。卤化丁基橡胶还特别适用于制作无内胎轮胎的内密封层、子午线轮胎的胎侧和胶黏剂等。

（3）氯化聚乙烯橡胶

氯化聚乙烯橡胶是通过聚乙烯的氯取代反应制备的无规氯化物，也可以看作是乙烯、氯乙烯和 1,2-二氯乙烯的三元共聚物，其结构式如图 4.10 所示。

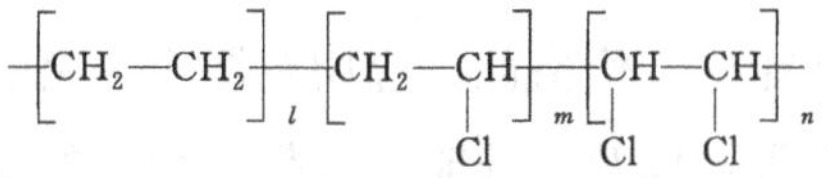

$$\left[CH_2\!-\!CH_2 \right]_l \left[\begin{array}{c} CH_2\!-\!CH \\ | \\ Cl \end{array} \right]_m \left[\begin{array}{c} CH\!-\!CH \\ | \quad\;\; | \\ Cl \;\;\; Cl \end{array} \right]_n$$

图 4.10　氯化聚乙烯橡胶结构式

由于极性氯原子的引入破坏了原来聚乙烯分子的结构规整性，增加了分子间距离，聚乙烯由高度结晶的聚集态转变为松散的非晶态结构。影响氯化聚乙烯橡胶结构的因素有以下几个：聚乙烯的分子量、分子量分布、氯含量、氯原子的分布及排列方式、聚乙烯的支链。a. 聚乙烯的分子量：分子量大则胶料的强度、硬度以及耐老化性能高。若分子量过大，分子之间的相互作用力增大，使得胶料的黏度变大，不易加工，产品外观也会受到影响。b. 聚乙烯的分子量分布：分子量分布越宽，高剪切力的作用下聚合物越易流动，在成型加工过程中挤出机的模头压力小，成型物品的外观较好。其缺点是耐应力开裂性能与冲击强度会降低。c. 氯含量：引入氯原子以后，会改变原先主链上以共轭双键连接的碳碳键稳定性，极性的氯原子会破坏聚乙烯的结晶度，氯化聚乙烯橡胶的耐油性随氯含量的增加而增加，但耐寒性下降。当氯化聚乙烯的氯含量小时，其性质接近聚乙烯，氯含量大时则性质接近聚氯乙烯。作为弹性体使用的氯化聚乙烯的氯含量一般25%～48%为宜。d. 氯原子的分布及排列方式：氯原子在乙烯分子主链上的取代是受阻取代，由于极性氯原子的存在，会妨碍其他氯原子的继续取代，若碳链上的侧基极性氯原子在分子主链上无规取代氢原子，分子链的规整性被破坏，可以得到具有较好韧性、弹性的氯化聚乙烯。但是生胶的强度较低，需经过硫化后，方可获得优异的物理机械性能。若碳链上的氯原子分布不均匀，部分聚乙烯链节可能存在着结晶，会使得分子链柔顺性下降，弹性下降，且塑化温度升高。e. 聚乙烯的支链：聚乙烯分子链的支化度增大，氯化聚乙烯橡胶的结晶度会下降，密度也会降低。

氯化聚乙烯橡胶能与多种橡胶并用，相容性良好的原因在于其链段存在着极性与非极性链段。大量的乙烯链段使得其有着较好的低温性能，工作温度范围在 $-50 \sim 150{}^{\circ}C$。氯化聚乙烯是饱和橡胶，具有良好的耐臭氧老化、耐热空气老化及耐油性能，能够改善胶料的拉伸强度，增大伸长率，一定程度上改善胶料的加工流动性，且阻燃性能较好。氯化聚乙烯橡胶分子链的柔顺性使其在常温下有着较好的韧性，可以用于塑料抗冲击改性。此外，氯化聚乙烯橡胶具有良好的化学稳定性和较低的生产成本，在实际生产中的许多工业领域得到广泛的应用。

氯化聚乙烯橡胶是饱和高分子材料，几乎不含双键，仲碳原子上的氯原子不具备高的反应活性，因此硫化体系不能使用传统的硫黄与促进剂并用的交联体系。适合氯化聚乙烯橡胶的硫化体系主要有三种：过氧化物硫化体系、噻二唑硫化体系以及硫脲硫化体系。当采用过氧化物硫化时，可提高硫化胶的耐油性、增加耐热空气老化性、改进耐压缩永久变形性。氯化聚乙烯橡胶的性能和氯磺化聚乙烯橡胶大致相同，耐候性、耐臭氧性、耐热性、耐药品性能优良，撕裂强度和耐屈挠龟裂性能较氯磺化聚乙烯橡胶好，耐油性稍佳，但在压缩变形、弹性及加工性等方面比氯磺化聚乙烯橡胶差。

氯化聚乙烯橡胶的综合性能好、价格低、应用范围广。它既可以单独使用，加工成各种硫代制品如中低压电线、电缆等，以及各种非硫化橡胶制品如软管、胶带、磁性橡胶、设备衬里等；也可以和各种高分子材料并用来改善它们的耐燃性、耐冲击性、耐候性等，以适合制造电线包皮、电缆护套、耐冲击管材和板材、结构材料等。氯化聚乙烯橡胶与氯磺化聚乙烯橡胶并用，可提高后者的抗张强度和耐油性能；与丁腈橡胶并用，在不会显著降低丁腈橡胶耐油性能的情况下，可提高其耐候和耐臭氧性能；与聚乙烯并用，可制得耐磨、耐热、耐燃的优质绝缘材料。

4.4.3 硅橡胶

硅橡胶的主链与一般的碳链结构弹性体不同，它是由硅原子和氧原子交替排列构成的，在硅原子上一般连有两个有机的取代基。根据硅原子上取代基的结构不同，硅橡胶可以分为以下几类：二甲基硅橡胶、甲基乙烯基硅橡胶、苯基硅橡胶、氟硅橡胶、苯撑和苯醚撑硅橡胶。其中甲基乙烯基硅橡胶是最常用的一种，侧基主要由甲基和少量乙烯基构成。由二甲基硅氧烷聚合得到的二甲基硅橡胶结构如图 4.11 所示。

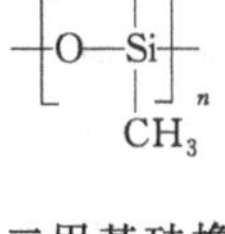

$$\left[O-\underset{\underset{CH_3}{|}}{\overset{\overset{CH_3}{|}}{Si}} \right]_n$$

图 4.11 二甲基硅橡胶结构式

无机的硅氧主链结构和有机取代基使得硅橡胶兼具两者的优异性能。硅氧键的键能约为 460kJ/mol，而碳碳键和碳氧键的键能为 $335\sim356$kJ/mol，饱和的硅氧键比碳碳单键的键能更高。硅和氧的电负性存在明显差异，硅氧键最接近离子键，具有高稳定性。因此，硅橡胶具有显著的耐热性和抗热氧化性，在 180℃下可长期工作，稍高于 200℃也能承受数周或更长时间而保持弹性，瞬时可耐 300℃以上的高温。硅橡胶不容易受到电磁影响和粒子辐射，同时还具有较好的导电性和化学稳定性。

硅橡胶的主链由硅原子和氧原子交替排列，硅氧键的键长大约为碳碳键键长的 1.5 倍，且有机硅分子呈螺旋状，Si—O—Si 键的键角比较大，分子间作用力低，使得分子内旋转更容易，分子链柔顺，T_g 非常低（约 −128℃），具有高弹性、高可压缩性和极好的耐寒性。此外，侧链上引入的对称甲基可以使主链上单键旋转的能垒降低，而氧原子上没有取代基使得两个甲基之间的距离增大，降低了分子间的相互作用力，增大了自由体积。这样的侧基结构使得二甲基硅橡胶分子链内部空间密度相对较低，具有较好的透气性，氧气透过率在合成聚合物中是最高的。此外，硅橡胶极性低、拥有低介电常数，还具有生理惰性、不会导致凝血的突出特性，因此在医疗领域应用广泛。

硅橡胶耐低温性能良好，一般在 −55℃下仍能工作。但是由于硅橡胶分子结构规整，呈非极性状态，在低温下很容易发生结晶而失去橡胶弹性，影响其使用性能。通常采用化学改性的方法，在其侧链引入苯基、氟原子等官能团来破坏结构的规整性，以抑制其低温结晶的现象，改善硅橡胶的耐低温性能。苯基的引入可提高硅橡胶的耐高温、低温性能，引入苯基后，耐低温性能可达 −73℃。三氟丙基及氰基的引入则可提高硅橡胶的耐温及耐油性能。硅橡胶优异的各项性能使其在航空、密封行业、工业机械和汽车等领域，有着更广泛的应用和很重要的应用价值，在医疗美容方面也有越来越多的应用。

硅橡胶分子内旋能低，分子间相互作用力弱，分子链虽柔顺，但强度比较低，所以填料在硅橡胶中的补强效果相对于其他品种的橡胶也更显著。补强后的硅橡胶制品可以做密封圈、绝缘材料以及高压导线外皮等。硅橡胶主要由线型聚硅氧烷、补强剂、结构控制剂、交联剂、催化剂、改性剂等组成。将原料按一定工艺方法混炼后得到混炼胶，混炼胶在一定条件下硫化即可得到硅橡胶。按硫化温度硅橡胶可分为高温硫化型和室温硫化型，其中室温硫化型又分缩聚反应型和加成反应型。高温硫化型主要用于制造各种硅橡胶制品，而室温硫化型则主要作为黏结剂、灌封材料或模具使用，其中高温硫化型硅橡胶用量最大。按产品形式和混炼方式，硅橡胶可分为混炼硅橡胶和液体硅橡胶；按交联机理，硅橡胶可分为加成型、缩合型、有机过氧化物引发型。

4.4.4 丙烯酸酯橡胶

丙烯酸酯橡胶是以丙烯酸酯为单体共聚而制得的弹性体，它的主链为饱和碳链，侧基是极性酯基，结构式如图 4.12 所示。

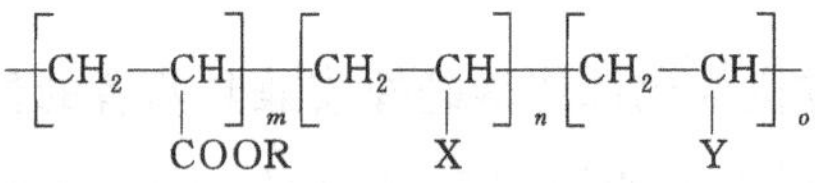

图 4.12　丙烯酸酯橡胶结构式

R 为烷基，可以是甲基、乙基或正丁基等；X 可以为—$COO(CH_2)_2OCH_3$、氰基或者是含有硅、氟等杂原子的其他基团的共聚单体；Y 可以为 —COOH、—$OCOCH_2Cl$、—OCH_2CH_2Cl 或环氧基等硫化点单体。丙烯酸酯橡胶侧链上的酯基在某种程度上限制了链段的自由运动，从而使其脆化温度升高，耐低温性差。丙烯酸乙酯、丙烯酸丁酯和丙烯酸甲酯是合成丙烯酸酯橡胶的主要单体，这些单体的差异主要在于侧链烷酯基上碳原子的数量和碳链的支化程度。随着侧链烷基酯上碳原子数目的增多，T_b 和 T_g 均逐渐降低，表现为耐寒性提高、耐油性下降。为满足丙烯酸酯橡胶在不同用途上的性能要求，可以采用多种单体并用及调节其用量比值来平衡丙烯酸酯橡胶的耐寒性、耐油性和耐热性。

丙烯酸酯橡胶主链为饱和的碳碳单键，比双键稳定，因此有良好的耐臭氧性、耐热性、耐热空气老化性，可在 180℃ 长期使用，在 200℃ 短期使用，比丁腈橡胶的使用温度高 30～60℃。丙烯酸酯橡胶侧链为极性的酯基，与非极性矿物油的溶解度参数相差较大，因而具有较好的耐油性。其物理性能的温度依赖性小，具有耐臭氧性、抗紫外线性、耐候性、耐屈挠性、耐透气性等，这些都是由其饱和的主链和极性的侧链决定的。此外，丙烯酸酯橡胶中没有杂原子，在受热分解或燃烧时通常不会产生有害气体和浓烟。

丙烯酸酯橡胶比丁腈橡胶的耐油、耐高温性好，比氟橡胶和硅橡胶的价格低，是一种具有良好抗热氧老化性的特种橡胶，在油封等要求耐油、耐温的密封橡胶制品中得到了广泛的应用。丙烯酸酯橡胶已广泛应用于国内外汽车的油封，用于耐高温部位的丁腈橡胶已被其全部取代。丙烯酸酯橡胶在耐臭氧、耐日光老化等方面也有突出的表现，因此，在隔膜、容器衬里等方面也有较大的应用潜力。还可取代价格昂贵的硅橡胶用于高温条件下使用的电线、电器套管、垫圈、电缆护套等，也可用于建筑密封、修理破损等方面的密封材料，以及航空工业、火箭、导弹等尖端领域。

4.4.5　氟橡胶

氟橡胶（fluororubber）是指主链或侧链的碳原子上连有氟原子的弹性体。一方面，氟原子具有强的负电性，其强的吸电子能力能使聚合物分子链上碳碳键的键能变大，主价键更加稳定。另一方面，氟原子的范德华半径为 0.72Å，而氢原子的范德华半径为 0.37Å，在碳碳链上发生氟取代氢后，高分子链扭曲成螺旋形状，惰性的"氟代"原子在外层形成致密的结构，能对分子链形成屏蔽效应，保护碳碳骨架不被攻击。氟原子的引入，赋予氟橡胶优异的耐高温、耐油、耐化学药品性能，良好的物理机械性能和耐候性、电绝缘性和抗辐射性等。氟橡胶主要用于制备耐高温、耐油、耐介质的橡胶制品，如各种密封件、隔膜、胶管、胶布等，也可用作电线外皮和防腐衬里，在航空、汽车、石油化工等领域得到了广泛的应用，是国防尖端工业中无法替代的关键材料。但是，氟橡胶的自身结构特点也给它带来了某些性能上的缺陷，如加工性能、耐低温性能差。从 1943 年以来，已先后开发出聚烯烃类氟橡胶、全氟醚橡胶、氟硅橡胶以及氟化磷腈橡胶等品种。

（1）聚烯烃类氟橡胶

自 1957 年，偏氟乙烯系氟橡胶（FKM）由美国杜邦公司实现商品化后，其已成为氟橡胶中被使用最多的品种。由偏氟乙烯与三氟氯乙烯用悬浮聚合法制得的共聚物，俗称 23 型氟橡胶，其结构式如图 4.13 所示。23 型氟橡胶具有良好的物理机械性能和优良的化学稳定性，能够在 200℃以下的环境下长期使用，脆化温度（T_b）为－20～－40℃，耐强氧化性和耐强腐蚀性突出，可在盐酸、磷酸、硝酸、氢氟酸和高浓度的过氧化氢中使用。

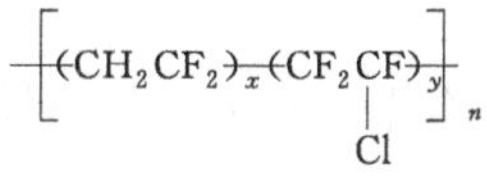

$$\left[(CH_2CF_2)_x (CF_2CF)_y \atop \quad\quad\quad Cl \right]_n$$

图 4.13　23 型氟橡胶结构式

以偏氟乙烯（VDF）和六氟丙烯（HFP）为主要成分，进行共聚所得产物即为 26 型氟橡胶，其分子结构式如图 4.14 所示。

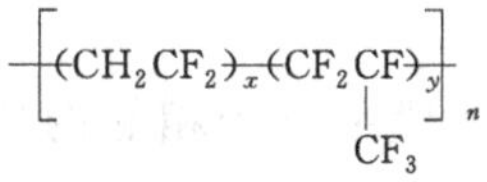

$$\left[(CH_2CF_2)_x (CF_2CF)_y \atop \quad\quad\quad CF_3 \right]_n$$

图 4.14　26 型氟橡胶结构式

偏氟乙烯与六氟丙烯的二元体系氟橡胶中，二者的共聚摩尔比例为 4∶1，氟含量为 66%，T_g 为－20℃。当偏氟乙烯单元中的氟遇到碱就容易引发消除反应脱去氢氟酸，因此，含偏氟乙烯结构多则材料的耐碱性能非常有限。26 型氟橡胶的原料单体制备相对于其他氟橡胶单体要容易，生产成本较低，因此成为用量最大的氟橡胶品种。可以通过调整引发剂和链转移剂的量来调整 26 型氟橡胶分子量及分子量分布。26 型氟橡胶具有良好的电绝缘性和抗辐射性以及贮存稳定性，能够很好地耐油、耐介质，有极好的气密性，同时具有很好的耐热性，通常可以在高达 250℃下的环境中长期使用，在 300℃的温度条件下短期使用，基本上能够满足在高温、不同介质等苛刻条件下使用的特殊要求。26 型氟橡胶可用于耐高温、耐燃料油和耐腐蚀性介质的垫圈、垫片、隔膜等橡胶密封制品，也可应用于航空航天工业、汽车工业、环保除尘、化工石油工业、液压制造和气动装置胶管软管和密封等。

为了提高氟含量，将偏氟乙烯 [65%～70%（摩尔分数）、四氟乙烯 [14%～20%（摩尔分数）] 和六氟丙烯 [15%～16%（摩尔分数）] 通过溶液或乳液法在一定的温度和压力下进行三元共聚，所得产物即为 246 型氟橡胶，其分子结构式如图 4.15 所示。246 型氟橡胶的含氟量明显增加，可达 70%，具有优良的耐化学介质特性。

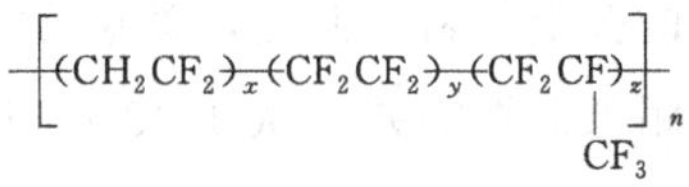

$$\left[\!\!\left(CH_2CF_2\right)_{\!x}\!\!\left(CF_2CF_2\right)_{\!y}\!\!\left(\!\!\begin{array}{c}CF_2CF\\|\\CF_3\end{array}\!\!\right)_{\!z}\right]_{\!n}$$

图 4.15　246 型氟橡胶结构式

偏氟乙烯系 246 型氟橡胶耐热、耐油、耐燃油性能优异，但耐寒性还有待提高。其性能与含氟量相关，含氟量增加，耐油性提高，但耐寒性和永久压缩变形性明显降低。246 型氟橡胶的硫化方法通常是通过混入填料及助剂来实现的，硫化剂与硫化促进剂是预先配好的复合物。有机过氧化物硫化体系具有较好的耐久性，且因没有添加碱性物质，耐胺性优良。目前，偏氟乙烯系氟橡胶的用途主要集中于与汽车部件相关的应用领域。随着汽车性能的逐步提高，未来由耐热、耐油性能更好的氟橡胶，代替丙烯酸酯系橡胶及硅橡胶已成为这一领域的发展趋势。

四丙氟橡胶（TFE-P）是由四氟乙烯（TFE）和丙烯两种单体结构有规则地交替排列构成的二元共聚物，其分子结构式如图 4.16 所示。

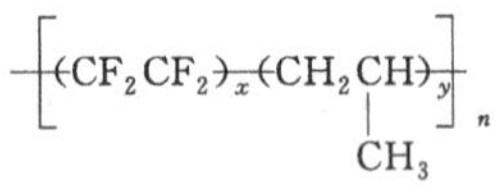

$$\left[\!\!\left(CF_2CF_2\right)_{\!x}\!\!\left(\!\!\begin{array}{c}CH_2CH\\|\\CH_3\end{array}\!\!\right)_{\!y}\right]_{\!n}$$

图 4.16　四丙氟橡胶结构式

四丙氟橡胶中几乎所有的丙烯链段都位于相邻的四氟乙烯链段之间，丙烯单体中占体积较小的氢原子，在具有很强的负电性且体积较大的氟原子的遮蔽作用下得以保护，使得氟含量低于偏氟乙烯系氟橡胶的四丙氟橡胶具有更好的耐热老化性和化学稳定性，分解温度能够达到 400℃ 以上，一般介质中在 275℃ 下可长期使用，在 320℃ 下也能短期使用。四丙氟橡胶的耐油性能尤其是耐双酯油类的性能极佳，耐化学药品性能良好，有较好的介电性能、阻燃性能，优异的气密性、耐辐射性、耐候性以及良好的综合物理机械性能，无毒、无味、无黏性，可以用作食品卫生级制品。四丙氟橡胶中丙烯链段的侧甲基破坏了分子排列的规整性，降低了结晶性能，使得其具有与乙丙橡胶类似的黏弹性和耐低温性能。四丙氟橡胶可以用一般方法交联，其加工性能比一般氟橡胶更好，可采用与其他橡胶完全相同的方法进行混炼、成型、硫化、黏结等成型加工。其缺点是耐低温性能较差。

（2）全氟醚橡胶

全氟醚橡胶（FFKM）主要由四氟乙烯、全氟烷基乙烯基醚单体与部分带硫化点的第三单体，在引发剂作用下通过乳液共聚制成。通式为 $CF_2\!=\!CF\!-\!O\!-\!R_f\!-\!X$，其中，$R_f$ 代表全氟烷基或醚，X 为 $-COOR$、$-CN$ 或 $-OC_6H_6$。在全氟醚橡胶的结构中，聚合物中所有碳原子上的氢全部被氟原子取代，形成极其稳定的结构，因此它的耐高温和耐化学药品性能优异。此外，引入少量的 $-O-CF_3$ 链节，其不规则的支链排列提高了分子链的柔顺性，使聚合物的耐低温性能得到了提高。全氟醚橡胶耐热性极好，在 300℃ 的温度下仍可稳定工作；电性能好；耐化学药品性、耐溶剂性优异，仅对氟利昂有较小程度的溶胀，但压缩永久变形性较其他橡胶要差得多；其耐热性和耐寒性因共聚单体及硫化方法的不同而有所差别。全氟醚橡胶的缺点是耐低温性较差，硫化性能差而难以成型。如何改良其加工成型性能和压缩永久变形性是研究的重点。

（3）氟硅橡胶

氟硅橡胶是为了弥补氟橡胶在低温性能上的缺憾应运而生的，它是在甲基乙烯基硅橡胶分子的侧链上引入氟烷基或氟芳基而制备得到的。氟硅橡胶的种类较多，但由于其物理性能较差，应用较少，只有甲基乙烯基三氟丙基硅橡胶（聚甲基乙烯基三氟丙基硅氧烷橡胶，代号 FVMQ）较为重要。氟硅橡胶采用本体聚合，在碱性催化剂作用下，一般用三氟丙基甲基硅氧烷开环聚合，用低分子量直链硅氧烷作为链转移剂调节分子量，分子量从数万到数十万不等。

氟硅橡胶主链上有硅氧键，侧链上有三氟烷基，结合了氟橡胶和硅橡胶的特点，具有良好的耐高温及耐低温柔顺性，可在−60～200℃的较宽温度范围使用。它的耐热性、耐化学药品性、耐油性及机械性能较其他氟橡胶稍差，但兼具氟橡胶与硅橡胶两者的优点。氟硅橡胶在脂肪族和氯化烃类的溶剂，以及石油基的各种燃料油、润滑油、液压油和部分合成油的浸泡下，可以保持常温和高温下的机械性能，耐燃油性好，对甲醇溶胀小；对碱、蒸汽、热水、盐水等介质有很好的抗耐性。氟硅橡胶的硫化方法有两类：过氧化物硫化和常温固化。过氧化物硫化时，硫化部位是共聚物中反应活性高的乙烯基（甲基乙烯基硅氧烷中），因此硫化速度快，不需要硫化促进剂。常温固化是基于硅烷醇缩合的硫化方式进行的，在锡催化剂作用下，空气中的水分将固化剂水解成硅烷醇，与聚合物末端的硅烷醇缩合，由于反应是从材料表面到深处发展进行的，固化时间较长。氟硅橡胶的应用主要集中在隔膜及单向阀等与燃料有关的器件领域。

（4）氟化磷腈橡胶

氟化磷腈橡胶是一种由磷、氮单双键交替而成的无机主链，通过引入不同的有机侧链而形成的新型半无机弹性体。磷和氮在形成 σ 键之后，磷的 3d 轨道和氮的 2p 轨道杂化成 dπ-pπ 轨道，对称的 dπ-pπ 轨道体系在每个磷原子上均形成一个结点，即每个 π 键都是一个孤立的体系，彼此之间没有相互作用。与有机分子整个主链形成长程共轭体系不同，N—P 键的旋转不受共轭结构的影响，所形成的聚磷腈高分子主链具有很好的柔顺性，其性质介于无机化合物、有机化合物和高分子化合物之间，有"无机橡胶"之称。氟化磷腈橡胶可先由五氯化磷与氯化铵反应，制得中间产物三环体；接着采用环状氯代磷腈进行开环聚合得到氯化磷腈聚合物；然后再加入三氟乙醇钠和另外一种八氟戊醇钠进行取代，得到聚氟代烷基氧基（三氟乙氧基和八氟戊氧基）取代的磷腈橡胶，其结构式如图 4.17 所示。聚合物中导入少量不饱和基作为硫化部位，可用过氧化物或放射线硫化。

氟化磷腈橡胶具有极优的耐寒性和耐溶剂性，并且在耐燃性和耐低温性方面表现突出，能够在−74℃的温度下仍然保持一定的柔韧性，在−65～176℃的温度范围内能够正常使用，

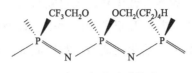

图 4.17 氟化磷腈橡胶

耐油性极好，耐水性良好，在耐候性、耐臭氧氧化性上也有优越的表现。氟化磷腈橡胶物理机械性能良好，耐热性比其他氟橡胶稍差，主要用于要求较高的航空、航天、舰艇、汽车等军工部门和部分高端民用产品，也可用于制备需要耐燃油、液压油、润滑油等介质的设备系统密封件及其他配件。

4.5 热塑性弹性体

热塑性弹性体，简称 TPE 或 TPR，是 thermoplastic elastomer 或 thermoplastic rubber 的缩写。热塑性弹性体是常温下具有橡胶的弹性，高温下可塑化成型的一类弹性体，是由化学组成不同的塑料段和橡胶段构成的，塑料段凭借链间作用力形成物理交联点，橡胶段则是高弹性链段，贡献弹性。塑料段的物理交联随温度的变化而呈可逆变化，显示了热塑性弹性体的塑料加工特性。因此，热塑性弹性体具有硫化橡胶的物理机械性能和热塑性塑料的工艺加工性能，是介于橡胶与塑料之间的一种新型高分子材料，常被人们称为第三代橡胶。

4.5.1 热塑性弹性体的特点和分类

热塑性弹性体具有硫化橡胶的物理机械性能和塑料的工艺加工性能。由于不需再像橡胶那样经过热硫化，因而使用简单的塑料加工方法即可获得最终产品。其生产流程缩短了 1/4，能耗节约了 25%～40%，效率提高了 10～20 倍。热塑性弹性体在高温下能反复塑化成型，一般热塑性塑料的注塑成型方法和设备均适用于它。相比于橡胶，热塑性弹性体有以下特点：可用标准的热塑性塑料加工设备和工艺进行加工成型，如挤出、注射、吹塑等；不需硫化，减少硫化工序，节约投资，能耗低，工艺简单、加工周期缩短，生产效率提高，加工费用低；边角废料可回收使用，节省资源，也对环境保护有利；由于在高温下易软化，随着温度上升而物性下降幅度较大，因而适用范围受到限制；同时，压缩变形、弹回性、耐久性等比橡胶差，价格上也往往高于同类的橡胶。

按制备方法的不同，热塑性弹性体主要分为化学合成型热塑性弹性体和橡塑共混型热塑性弹性体两大类。合成型热塑性弹性体是以聚合物的形态单独出现的，有主链共聚、接枝共聚和离子聚合之分。橡塑共混型热塑性弹性体主要是橡胶与塑料的共混物，又分为以交联硫化出现的动态硫化胶和互穿网络型聚合物。热塑性弹性体按制备方法可分为共聚型和共混型两大类，其中共聚型包括聚氨酯类、苯乙烯类、聚烯烃类、聚酯类、聚酰胺类；共混型又分为简单共混型和热塑性硫化胶。

4.5.2 苯乙烯类热塑性弹性体

苯乙烯类热塑性弹性体（SBC）是产量最大、发展最快、用途最广的热塑性弹性体。自1963年SBC问世以后，关于热塑性弹性体的制备理论逐步得到完善，应用领域进一步扩大。三种常见的SBC结构式如图4.18所示。

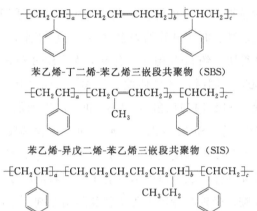

苯乙烯-丁二烯-苯乙烯三嵌段共聚物（SBS）

苯乙烯-异戊二烯-苯乙烯三嵌段共聚物（SIS）

苯乙烯-乙烯/丁烯-苯乙烯三嵌段共聚物（SEBS）

图4.18　三种常见苯乙烯类热塑性弹性的结构式

苯乙烯类热塑性弹性体分子链兼具硬段、软段，硬段为刚性链段，力学状态为玻璃态；而软段为柔性链段，力学状态为高弹态。其具有可逆性交联结构，聚苯乙烯链段起到物理交联点的作用。苯乙烯类热塑性弹性体中硬段和软段由于热力学上不相容而呈微观相分离结构，聚苯乙烯链硬段作为不连续相分散在柔性链段中，如图4.19所示。

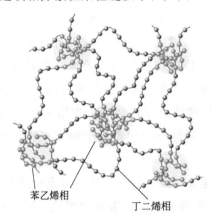

苯乙烯相　　丁二烯相

图4.19　苯乙烯类热塑性弹性的微相分离结构

苯乙烯类热塑性弹性体是丁二烯或异戊二烯与苯乙烯的嵌段共聚物，其性能最接近丁苯橡胶，是化学合成型热塑性弹性体中最早被人们研究的品种之一，也是目前世界上产量最大的热塑性弹性体。代表性的品种为苯乙烯-丁二烯-苯乙烯三嵌段共聚物（SBS），广泛用于制鞋业，已大部分取代了橡胶，同时在胶布、胶板等工业橡胶制品中的用途也在不断扩大。SBS 还大量用作聚苯乙烯塑料的抗冲击改性剂，不仅可像橡胶那样大大改善塑料的抗冲击性，而且透明性也非常好。SBS 也是沥青耐磨、防裂、防软和抗滑的优异改性剂。SBS 防水卷材已进一步推广到建筑物屋顶、地铁、隧道、沟槽等，用于防水、防潮等。SBS 与丁苯橡胶、天然橡胶并用制造的海绵，比聚氯乙烯、乙烯-乙酸乙烯共聚物（EVA）塑料海绵更富有橡胶触感，且比硫化橡胶要轻、颜色鲜艳、花纹清晰，不仅适用于制造胶鞋中鞋底的海绵，也是制造旅游鞋、运动鞋、时装鞋等的理想材料。近些年来，异戊二烯取代丁二烯的嵌段苯乙烯聚合物 SIS 发展很快，约 90% 用在黏合剂方面。SBS 和 SIS 的最大问题是不耐热，使用温度一般不能超过 80℃，同时，其拉伸性、耐候性、耐油性、耐磨性等也都无法同橡胶相比。为此，先后出现了 SBS 饱和加氢的 SEBS 和 SIS 饱和加氢的苯乙烯-乙烯/丙烯-苯乙烯三嵌段共聚物（SEPS）等。SEBS（以丁二烯段加氢作软链段）和 SEPS（以异戊二烯段加氢作软链段）可使抗冲强度大幅度提高，耐候性和耐热老化性良好。SEBS 和 SEPS 不仅可以作为通用的热塑性弹性体，也可以作为改善工程塑料的耐候性、耐磨性和耐热老化性的共混材料，已成为聚酰胺、聚碳酸酯等工程塑料类的增容剂。苯乙烯类热塑性弹性体具有广泛的应用，如鞋材、工具握把、汽车配件、医疗器械、电线电缆、密封材料、沥青改性剂、玩具、日用品等。

4.5.3 热塑性聚氨酯弹性体

热塑性聚氨酯弹性体（thermoplastic polyurethane，简称 TPU），是一种（AB)$_n$ 型嵌段线型聚合物，A 为高分子量（1000~6000）的聚酯或聚醚，B 为含 2~12 个直链碳原子的二醇，AB 链段间化学结构是二异氰酸酯。TPU 是由柔性软段和刚性硬段构成的热塑性聚氨酯橡胶。柔性软段在弹性体材料分子链结构中处于高弹态，赋予 TPU 良好的弹性、韧性及低温柔顺性。刚性硬段通过强氢键相互作用形成结晶态，赋予了 TPU 较高的硬度、强度及高温性能。TPU 硬段极性较强导致硬段之间易聚集，进而使得硬段与软段之间出现热力学上不相容的微观相分离。线型结构的 TPU 分子链间有较强的以氢键为主的物理交联，可以通过溶剂溶解或熔融进行加工，在熔融状态或溶液状态分子间作用力减弱，而冷却或溶剂挥发之后，氢键作用使得分子间相互作用得以恢复，交联结构具有可逆性。

TPU 结构中的硬段含量越高，硬度越大，其所形成的硬段相越易形成结晶结构来增加物理交联的数量，导致 TPU 拉伸模量和撕裂强度增加，刚性和压缩应力增加，伸长率降低，密度和动态生热增加，耐环境性能提高。可通过改变 TPU 各反应组分的配比，得到不同硬度的产品，而且随着硬度的增加，仍保持良好的弹性和耐磨性。TPU 是弹性体中比较特殊的一大类，其性能范围和硬度范围都很宽，是介于橡胶和塑料之间的一类高分子材料。TPU 的刚性可用弹性模量来度量，橡胶的弹性模量通常在 1～10MPa，聚酰胺、ABS、聚碳酸酯、聚甲醛等塑料在 1000～10000MPa，而 TPU 在 10～1000MPa。TPU 的硬度范围相当宽，从邵氏 A60～邵氏 D80，并且在整个硬度范围内具有高弹性。TPU 在很宽的温度范围内（−40～120℃）具有柔性，不需要添加增塑剂。

　　TPU 具有优异的机械强度，拉伸强度高、伸长率大、长期压缩永久变形率低；耐磨性、耐油性、耐屈挠性、承载能力、抗冲击性及减震性好，特别是耐磨性最为突出；对油类（矿物油、动植物油脂和润滑油）和许多溶剂有良好的抵抗能力，耐水、耐霉菌、耐候和耐高能射线性能好，还可以再生利用。TPU 的缺点是耐热性、耐热水性、耐压缩性较差，外观易变黄，加工中易粘模具。TPU 可采用常见的热塑性材料的加工方法，如注塑、挤出、压延等进行加工。同时，它与某些高分子材料共同加工能够得到性能互补的聚合物合金，但是在现实设计配方和工业化生产时，却会因为原材料（多元醇和多异氰酸酯以及扩链剂）相互的限制，高端应用产品的研发非常困难。近年来，为改善 TPU 的加工性能，还出现了许多新的易加工品种：如适合双色成型，能增加透明性和高流动、高回收的、可提高加工生产效率的制鞋用 TPU；用于制造透明胶管的无可塑、低硬度易加工型 TPU；供汽车保险杠等大型部件专用的、以玻璃纤维增强的、可提高刚性和冲击性的增强型 TPU；高透湿性、导电性TPU 等。

4.5.4　热塑性硫化橡胶

　　热塑性硫化橡胶（thermalplastic vulcanizate，简称 TPV）中，塑料作为分散相，橡胶作为连续相，橡（含交联剂）塑比大于 80∶20。熔融共混时会发生 TPV 的相反转，即橡胶变为分散相，塑料变为连续相，如图 4.20 所示。共混中橡胶同时发生原位交联反应，并在机械剪切力的作用下被破碎为微米级颗粒（<2μm），其中双螺杆挤出机是最为通用的动态硫化设备。

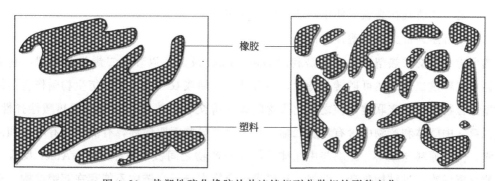

图 4.20　热塑性硫化橡胶从共连续相到分散相的形貌变化

　　TPV 相比于嵌段型 TPE 具有一定的优越性，包括可采用低成本加工方法将现有聚合物共混制备出新产品；使用上限温度高；耐溶剂、耐油品；压缩永久变形小；具有优异的耐疲劳性能。TPV 是性能最接近热固性橡胶的热塑性弹性体，可以用于替代 EPDM 制造汽车配件，用于制造电子电气上的绝缘材料，用于制造土木建筑业中的伸缩缝、公路隔离带、集装箱密封条、减震垫，以及其他各种形状复杂的弹性体制品。利用 TPV 的耐油性，可替代天然橡胶、丁腈橡胶来制造各种橡胶制品。TPV 还可以与其他热塑性弹性体并用，互补改进性能。TPV 被广泛用于汽车上的齿轮、齿条、点火电线包皮、耐油胶管、空气导管以及高层建筑的抗裂光泽密封条，还被用于电线电缆、食品和医疗等领域。目前，以共混形式采用动态全硫化技术制备的 TPV 已涵盖了 11 种橡胶和 9 种塑料。TPV 可以用塑料加工通用的吹塑、注塑和挤出成型等方式生产各种零件。熔融共混的 TPV 正成为各橡胶、塑料生产厂家竞相发展的新型橡塑材料。

4.5.5　热塑性弹性体的新进展

近年来，随着高分子结构设计理论的发展和应用，以及对动态硫化理论及技术的深入研究和开发，许多新型的热塑性弹性体材料品种不断问世，并形成了初步的产业化规模。

(1) 聚酰胺类热塑性弹性体

聚酰胺类热塑性弹性体（TPAE）是指由高熔点结晶性聚酰胺硬链段，和非结晶性的聚醚或聚酯软链段组成的一类嵌段共聚物。TPAE 结构中的硬链段通常选用聚己内酰胺、聚酰胺 66、聚十二内酰胺、芳香族聚酰胺等，软链段通常为聚乙二醇、聚丙二醇、聚丁二醇、双端羟基脂肪族聚糖等。由于软、硬链段可选用的材料范围广，聚合度和软、硬链段的共混比可调节，因而可根据不同的用途设计和制备性能不同的 TPAE 产品。制备的聚酰胺硬链段类型决定了 TPAE 的熔点、耐化学药品性和相对密度；聚醚或聚酯软链段类型决定 TPAE 的低温特性、吸湿性、抗静电性及对某些化学药品的稳定性；软、硬链段的比例则对 TPAE 的弹性、硬度和耐化学药品性有决定性影响。因此，控制线型分子链中软、硬链段的共混比是生产 TPAE 的关键。TPAE 具有较好的力学性能和弹性，并且耐磨性和屈挠性优良，是一类适宜在高温下使用的热塑性弹性体。

(2) 热可逆共价交联热塑性弹性体

热可逆共价交联热塑性弹性体是利用 Diels-Alder 反应，以环戊二烯为交联剂，利用环戊二烯与双环戊二烯的热可逆转化特性，将含环戊二烯或双环戊二烯的衍生物引作含活性基团线型聚合物分子的交联键，使之转化为含碳碳共价交联的热可逆共价交联热塑性弹性体。所用原料、中间体和产物中含有环戊二烯、双环戊二烯共轭双烯环，有的还含有不饱和的碳碳双键，使得原料与原料、原料与中间体、产物与产物之间极易发生 Diels-Alder 反应，导致产物分离困难，且结构复杂。此外，还要求聚合物大分子主链中不能存在双键结构，否则主链双键将会与环戊二烯发生 Diels-Alder 反应，形成不可逆交联结构，导致随着加工次数的增加，热可逆交联行为逐渐下降。因此，先合成双环戊二烯或环戊二烯衍生物交联剂，然后对含氯聚合物、含羧基聚合物及含侧羟基聚合物进行热可逆交联，是最有前景的热可逆共价交联热塑性弹性体的制备方式。

（3）茂金属催化聚烯烃类热塑性弹性体

茂金属催化剂具有催化活性高、单活性中心的特点，其催化制备的聚合物具有分子量分布窄、聚合物结构可控等优点，已成为新一代烯烃聚合催化剂。茂金属催化聚烯烃类热塑性弹性体近年来发展很快。

（4）甲壳型液晶热塑性弹性体

近年来，兼具高弹性和液晶性的液晶热塑性弹性体日益成为热塑性弹性体领域的研究热点。液晶热塑性弹性体通常是指具有液晶性的三嵌段或多嵌段聚合物，目前最具有市场应用前景的液晶热塑性弹性体主要是甲壳型液晶热塑性弹性体。

（5）生物基热塑性弹性体

传统的高分子材料主要是以化石资源为原料合成得到的，随着石油等不可再生资源的持续消耗，高分子材料的发展面临巨大的挑战。为了减少对石油等不可再生资源的依赖，实现高分子材料行业的可持续发展，生物基高分子材料越来越受到人们的关注。生物基热塑性弹性体是采用生物质单体制备的一类热塑性弹性体材料，由于其单体来源于自然生物，因此其原料资源具有很好的可持续性。

 思考题

1. 橡胶为什么要硫化？
2. 试分析弹性体的结构特征。
3. 热塑性弹性体是如何将塑料与弹性体的特征结合起来的？
4. 试分析氯丁橡胶和天然橡胶在结构和性能上的差异。

 参考文献

[1] 张玉龙，孙敏. 橡胶品种与性能手册. 北京：化学工业出版社，2006.

[2] 吴其晔，张萍，杨文君，等. 高分子物理. 北京：高等教育出版社，2011.

[3] 崔小明. 乙丙橡胶新产品的开发和利用. 中国橡胶，2010，14：30-30.

[4] 冯圣玉. 有机硅高分子及其应用. 北京：化学工业出版社，2004.

[5] 李智敏. 高性能硅橡胶复合材料的制备. 北京：北京化工大学，2014.

[6] 刘岭梅. 氟橡胶的性能及应用概述. 北京：有机氟工业，2001，2：5-7.

[7] 刘杰，丁英萍，属秀丽，等. 国内氟硅橡胶的研究进展. 弹性体，2006，16（2）：46-50.

[8] 孟跃中，邱延模，王栓紧，等. 热塑性弹性体. 北京：科学出版社，2011.

5.1 聚合物基宏观复合材料

5.1.1 复合材料概述

根据侧重点的不同，复合材料可以有不同的定义：a. 由两种或两种以上化学性质或组织结构不同的材料组合而成的材料；b. 由两种或两种以上不同性质的或不同结构的材料，以微观或宏观的形式结合在一起而形成的材料；c. 用经过选择的、含一定数量比的两种或两种以上的组分（或组元），通过人工复合而成的具有特殊性能的多相固体材料。

复合材料一般具有如下特点：a. 复合材料具有结构可设计性；b. 复合材料是人们根据需要设计制造的材料；c. 复合材料必须由两种或两种以上化学、物理性质不同的材料组分，以所设计的形式、比例、分布组合而成，各组分之间有明显的界面存在；d. 复合材料不仅保持各组分材料性能的优点，而且通过各组分性能的互补和关联，可以获得单一组成材料所不能达到的综合性能。

复合材料由连续相（基体）、分散相（增强体）和界面组成。基体的作用是黏结和固定增强相、分配增强体的载荷、调整材料的加工性能、保护增强体免受环境影响。增强体是决定复合材料强度和刚度的主要因素，其作用是承受主要负荷、限制微裂纹延伸、提高材料力学性能、赋予材料功能性等。

界面是基体与增强体之间化学成分有显著变化的、构成彼此结合的、能起载荷传递作用的微小区域。复合材料界面相的结构和性能对复合材料整体的性能影响很大。为改善复合材料性能，必须考虑界面设计和控制。对结构复合材料而言，其两相要有足够的黏结强度，才能起到载荷传递的作用。但是，需要注意的是，在设计界面时不能片面追求界面黏结，即连续相与增强相的界面结合不能太好，而是要有适当的黏结强度。这是因为界面相的另一个作用是在一定应力条件下能够脱黏，使增强体在基体中拔出并互相发生摩擦。这种由脱黏而产生的拔出功、摩擦功等有助于提高材料的强度和韧性。

复合材料的基体材料分为金属和非金属两大类。金属基体常用的有铝、镁、铜、钛及其合金，非金属基体主要有合成树脂、橡胶、陶瓷、碳等。根据基体材料种类的不同，复合材料可分为金属基复合材料和非金属基复合材料两大类。非金属基复合材料又可以细分为聚合物基复合材料、陶瓷基复合材料和碳（石墨）基复合材料等。

增强体主要有玻璃纤维、碳纤维、硼纤维、芳纶纤维、碳化硅纤维、石棉纤维、晶须、金属。根据增强体材料种类的不同，复合材料可分为纤维增强复合材料和陶瓷颗粒增强复合材料等。

根据复合效果的不同，复合材料还可分为结构复合材料和功能复合材料。

复合材料具有非常突出的优点，主要包括：a. 具有可设计性，质轻高强；b. 高减振性；c. 抗疲劳性能好；d. 高断裂韧性。复合材料也具有一定的缺点，主要包括：a. 制备工艺复杂，性能离散性较大；b. 增强体、基体可供选择种类有限；c. 成本较高。

人类使用复合材料的历史非常悠久。从远古时代即开始使用的稻草或麦秸增强黏土和近代出现的钢筋混凝土均为复合材料。20 世纪 40 年代，随着玻璃纤维增强塑料（俗称玻璃钢）的问世，出现了复合材料这一名称。50 年代以后，陆续发展了碳纤维、石墨纤维、硼纤维、芳纶纤维和碳化硅纤维等高强度和高模量纤维。这些高性能纤维能与合成树脂、碳、石墨、陶瓷、橡胶等非金属基体，或与铝、镁、钛等金属基体复合，构成了各具特色的先进复合材料。

复合材料的应用领域非常广泛，主要包括：导弹、火箭、人造卫星等尖端工业航空，以及汽车工业、化工、纺织、精密仪器、造船、建筑、电子、桥梁、医疗、体育器材等。复合材料也是"中国制造 2025"十大领域之一"新材料"的重要内容，具体表述为："以特种金属功能材料、高性能结构材料、功能性高分子材料、特种无机非金属材料和先进复合材料为发展重点"。

5.1.2　聚合物基复合材料

5.1.2.1　概述

一般来说，聚合物基复合材料（polymer-based composites）是指以有机聚合物为基体、以纤维类增强材料为增强体的复合材料，因此它从属于范围更广的聚合物复合材料（polymer composites）。根据分散相（增强体）尺寸的大小，聚合物基复合材料可以分为聚合物基宏观复合材料和聚合物基微观复合材料两大类。通常所讲的聚合物基复合材料实际上是指聚合物基宏观复合材料。

根据基体材料种类的不同，聚合物基复合材料可分为塑料基复合材料和橡胶基复合材料两大类。其中，塑料基复合材料又可称为树脂基复合材料，是目前技术比较成熟且应用最为广泛的一类复合材料，因此，聚合物基复合材料通常指的是塑料基复合材料。塑料基体还可进一步细分为热固性塑料和热塑性塑料。常用的热固性塑料有：不饱和聚酯、酚醛树脂、环氧树脂、有机硅树脂、醇酸树脂、三聚氰胺-甲醛树脂等。常用的热塑性塑料有：聚酰胺、氟树脂、聚碳酸酯、聚砜、丙烯酸类树脂、聚甲醛、ABS 树脂、聚乙烯和聚丙烯等。

纤维类增强材料包括金属材料、非金属材料和高分子材料三大类。常见纤维的种类和性能如表 5.1 所示。根据增强体种类的不同，聚合物基复合材料可相应地分为玻璃纤维增强塑料基复合材料、碳纤维增强塑料基复合材料、陶瓷纤维（如碳化硅纤维、硼纤维等）增强塑料基复合材料、金属纤维增强塑料基复合材料和芳香族聚酰胺纤维增强塑料基复合材料等。

表 5.1　常见纤维的种类和性能

种类	特点
玻璃纤维	用量最大、价格最便宜
碳纤维	强度、模量高，热膨胀系数小，很好的耐高温蠕变性
硼纤维	耐高温、强度高、弹性模量高
金属纤维	导热、导电性、抗冲击性高
芳香族聚酰胺纤维	比强度极高、韧性好

纤维的增强效果取决于如下因素：a. 纤维自身的性质；b. 纤维与基体间的结合强度；c. 纤维的体积分数、尺寸、编织、分布、取向等。其中，纤维的表面处理对提高聚合物基复合材料的性能具有十分重要的作用。例如，对玻璃纤维而言，在用于制备复合材料之前通常需要将纤维表面的浸润剂除掉，并且还要使用偶联剂对纤维表面进行处理来提高纤维与基体之间的结合力。对碳纤维而言，在用于制备复合材料之前通常需要进行表面氧化处理和赋予表面涂层，以此来提高纤维与基体之间的结合力。

聚合物基复合材料制造过程通常包括如下几个步骤：预浸料的制造、制件的铺层、固化成型及后处理等。常见的成型方法包括手糊成型、喷射成型、缠绕成型、挤拉成型、连续成型、袋压成型等。

一些常见复合材料与金属材料的性能比较见表 5.2。环氧树脂与常见环氧树脂/纤维复合材料的力学性能比较见表 5.3。可以看出，一方面，纤维增强环氧树脂复合材料的比强度、比模量，与钢、铝合金等金属材料相比具有明显优势。这是因为增强环氧树脂复合材料所使用的纤维，如玻璃纤维、碳纤维、硼纤维、芳纶纤维等本身就具有高的强度和模量，将其与环氧树脂构成复合体系，可显著提高环氧树脂的拉伸强度和弹性模量。另一方面，纤维增强环氧树脂的密度显著低于金属材料。以钢为例，环氧树脂/纤维复合材料的拉伸强度接近或超过钢，弹性模量低于钢，但纤维增强环氧树脂的密度还不到钢的 1/3。

表 5.2　一些常见复合材料与金属材料的性能比较

材料	性能				
	密度 /(g/cm³)	拉伸强度 /MPa	弹性模量 /GPa	比强度 /(10^5 N・M/kg)	比模量 /(10^6 N・M/kg)
钢	7.8	1020	210	1.29	27
铝合金	2.8	470	75	1.68	26.9

材料	性能				
	密度 /(g/cm³)	拉伸强度 /MPa	弹性模量 /GPa	比强度 /(10^5N·M/kg)	比模量 /(10^6N·M/kg)
钛合金	4.5	1000	110	2.22	24.4
环氧树脂/碳纤维	1.45	1500	140	10.34	97
环氧树脂/碳化硅纤维	2.2	1090	102	4.96	46.4
环氧树脂/硼纤维	2.1	1344	206	6.4	98
玻璃钢	2.0	1040	40	5.2	20

表 5.3　环氧树脂与常见环氧树脂/纤维复合材料力学性能比较

材料种类	纵向拉伸强度/MPa	纵向弹性模量/GPa
环氧树脂	69	6.9
环氧树脂/E 级玻璃纤维	1020	45
环氧树脂/碳纤维(高弹性)	1240	145
环氧树脂/芳纶纤维(49)	1380	76
环氧树脂/硼纤维(70%V_f)	1400~2100	210~280

5.1.2.2　玻璃钢

玻璃纤维增强塑料（俗称玻璃钢，GFRP 或 FRP），是一种以玻璃纤维为增强体，不饱和聚酯、环氧树脂与酚醛树脂为基体材料的复合塑料。玻璃钢因其独特的性能优势，在航空航天、铁路、建筑、家居、建材等行业中得到了广泛应用。

5.1.2.3　碳纤维增强塑料

碳纤维增强塑料是由碳纤维与聚酯树脂、酚醛树脂、环氧树脂、聚四氟乙烯树脂等组成的复合材料。它的主要优点包括低密度、高强度、高弹性模量、高比强度和高比模量，以及优良的抗疲劳性能、耐冲击性能、自润滑性、减摩耐磨性、耐腐蚀和耐热性。但也存在碳纤维和基体结合强度低和各向异性严重的缺点。碳纤维增强塑料由于性能优于玻璃钢，主要用于制作飞机机身、螺旋桨和发电机的护环材料等。

5.1.2.4　Kevlar 纤维增强塑料

Kevlar 纤维增强塑料是由 Kevlar 纤维与环氧树脂、聚乙烯树脂、聚碳酸酯树脂、聚酯树脂等组成的复合材料。最常用的是 Kevlar 纤维/环氧树脂复合材料，其拉伸强度高于玻璃钢，与碳纤维/环氧树脂复合材料相近；其延展性与金属相似；具有优良的疲劳抗力和减震性。Kevlar 纤维增强塑料的主要用途包括制造飞机机身、雷达天线罩、火箭发动机外壳、快艇等。

5.2 聚合物基纳米复合材料

5.2.1 概述

纳米 (nanometer，简称 nm)，是长度的度量单位，$1nm=10^{-9}m$。纳米材料具有传统材料所不具备的奇异或反常的物理、化学特性，即纳米效应。例如原本绝缘的二氧化硅，在某一纳米级界限时开始导电。这是由于纳米材料具有颗粒尺寸小、比表面积大、表面能高、表面原子所占比例大等特点，以及其特有的三大效应：表面效应、小尺寸效应和宏观量子隧道效应。

纳米复合材料是以树脂、橡胶、陶瓷和金属等基体为连续相，以纳米尺寸的金属、半导体、刚性粒子和其他无机粒子、纤维、纳米碳管等为分散相，通过适当的制备方法将分散相均匀地分散于连续相中，形成的至少一相含有纳米尺寸材料的复合体系。聚合物基纳米复合材料是指以聚合物为基体的纳米复合材料。需要说明的是，聚合物基纳米复合材料和聚合物纳米复合材料的含义存在一定的区别。聚合物纳米复合材料涉及的范围更广，只要其中某一组成相中至少有一维的尺寸处在纳米尺度范围内，即可称为聚合物纳米复合材料。

自从 1987 年日本丰田公司的研究人员，报道了单片层状尼龙/黏土纳米复合材料具有优异的力学性能和热性能 (表 5.4) 以来，聚合物基纳米复合材料得到了非常广泛的研究。目前，研究较多的聚合物基纳米复合材料主要包括聚合物/层状硅酸盐 (包括蒙脱土、黏土等) 纳米复合材料、聚合物/SiO_2 纳米复合材料、聚合物/石墨烯复合材料、聚合物/碳纳米管复合材料等。

影响聚合物基纳米复合材料总体性能的关键因素是纳米材料的分散均匀性，以及纳米材料与基体之间的亲和性。研究发现，随着纳米增强剂的加入，聚合物基纳米复合材料的性能呈现出一些变化趋势，但并没有统一的规律。一般而言，聚合物基纳米复合材料的性能要优于纯的聚合物基体或使用较大尺寸增强剂的聚合物基复合材料。纳米粒子对聚合物性能的影响依赖于许多因素，特别是聚合物的结晶性，以及增强剂与基体之间的相互作用。一些聚合物基纳米复合材料的性能变化趋势如表 5.5 所示。

表 5.4　尼龙 6 与尼龙 6/黏土纳米复合材料性能的比较

性能	尼龙 6	尼龙 6/黏土纳米复合材料
弹性模量/GPa	1.1	2.1
拉伸强度/MPa	69	107
冲击强度/(kJ/m²)	2.3	2.8
热膨胀系数/℃⁻¹	13×10^{-5}	6.3×10^{-5}
变形温度/℃	65	145
吸水率/%	0.87	0.51

表 5.5 加入纳米粒子后聚合物的性能变化趋势

性能指标	结晶聚合物	非晶态聚合物	相互作用
弹性模量	随体积分数增加而增加,随粒子尺寸下降而增加或无变化	随体积分数增加而增加,随粒子尺寸下降而增加	良好
	随体积分数增加而增加,随粒子尺寸下降而增加,增加幅度比相互作用良好时大	随体积分数增加而增加,随粒子尺寸下降而增加	差
屈服应力/应变	随体积分数增加而增加,随粒子尺寸下降而增加	—	良好
	下降	下降	差
极限应力/应变	随粒子尺寸下降而增加	超过20%后,纳米复合材料>微米复合材料	良好
	体积分数小时低于纯聚合物	下降	差
体积	体积随粒子尺寸下降而增加	体积随粒子尺寸下降而增加	良好
	—	—	差
T_g	下降	随粒子尺寸下降而增加	良好
	—	保持不变直到0.5%,在1%～10%区间下降	差
结晶度	无明显影响	—	良好
	无明显影响	—	差
黏弹性	随体积分数增加而增加,随粒子尺寸下降而增加	随体积分数增加而增加	良好
	—	下降,1%后上升	差

5.2.2 常见纳米材料增强体介绍

根据增强体和基体的构成形式,常见的纳米复合材料可以分为0-0复合、0-2复合、0-3复合、1-3复合、2-3复合等不同种类,如表5.6所示。

表5.6 常见纳米复合材料的构成形式

种类(增强体-基体)	构成形式
0-0复合	纳米粒子/纳米固体
0-2复合	纳米粒子/二维薄膜材料
0-3复合	纳米粒子/三维固体
1-3复合	纳米管、纳米线/三维固体
2-3复合	无机纳米片体/三维固体

以下是对一些常见增强体的简单介绍。

(1) 零维纳米材料

零维纳米材料是指在三个维度都处于纳米尺度范围的材料,最常见的为纳米团簇(例如富勒烯 C_{60})和纳米粒子。

纳米二氧化硅(SiO_2)是应用最广泛的纳米粒子之一,以粉末或胶体粒子的形式存在,无毒、无味、无污染，不溶于水。其尺寸范围在 1～100nm，具有许多优良的性质，如高强度、抗紫外线、抗老化和耐化学性能等，因而在工业上具有广泛的用途。SiO_2 纳米粒子在工业上主要由气相法和沉淀法制备，在实验室主要通过溶胶凝胶法和微乳液法制备。图 5.1 为市售尺寸约为 19nm 的 SiO_2 纳米粒子的 TEM 照片。

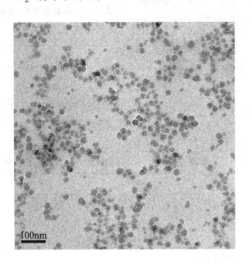

图 5.1　尺寸约为 19nm 的 SiO_2 纳米粒子（Bindzil CC40）的 TEM 照片

（2）一维纳米材料

一维纳米材料是三个维度中有一个维度的尺寸不在 1～100nm 之间的材料，典型的为纳米线和碳纳米管。

碳纳米管或纳米碳管（carbon nanotubes，CNTs），又称巴基管（Buckytube），属于富勒烯系，于 1991 年由日本电气公司筑波研究所的饭岛澄男（Iijima Sumio），在使用高分辨透射电镜观察石墨电极放电制备 C_{60} 的球状碳分子产物时意外发现。碳纳米管的径向尺寸为纳米级，轴向尺寸为微米级，管的两端基本上都封口。碳纳米管可以视为由石墨烯片层卷曲而成，因此按照石墨烯片的层数可分为单壁碳纳米管（single-walled carbon nanotubes，SWCNTs）和多壁碳纳米管（multi-walled carbon nanotubes，MWCNTs）。多壁管在开始形成的时候，层与层之间很容易成为陷阱中心而捕获各种缺陷，因而多壁管的管壁上通常布满缺陷。与多壁管相比，单壁管直径大小的分布范围小，缺陷少，具有更高的均匀一致性。单壁管典型直径为 0.6～2nm，多壁管典型直径为 2～100nm。

碳纳米管具有许多优异的力学、电学和化学性能。其尺寸只有头发丝的 1/100000，电导率是铜的 10000 倍，强度是钢的 100 倍，而重量只有钢的 1/6，像金刚石那样硬却又有柔韧性可以拉伸，熔点大于 3000℃。

（3）二维纳米材料

二维纳米材料是三个维度中有两个维度的尺寸不在 1～100nm 之间的材料，因此被称为纳米片（nanoplatelet），典型的为黏土（clay）和石墨烯（graphene）。其两个维度（长和宽）的尺寸大于 100nm，另一个维度（厚度或者高度）的尺寸在 1～100nm 之间。

黏土是一种重要的矿物原料，由多种水合硅酸盐和一定量的氧化铝、碱金属氧化物和碱土金属氧化物组成，并含有石英、长石、云母及硫酸盐、硫化物、碳酸盐等杂质。黏土一般由硅铝酸盐矿物在地球表面风化后形成，有些成岩作用也会产生黏土。黏土矿物细小，常在胶体尺寸范围内，呈晶体或非晶体，大多数是片状，少数为管状、棒状。黏土矿物用水湿润后具有可塑性，在较小压力下可以变形并能长久保持形状，而且比表面积大，颗粒上带有负电，因此有很好的物理吸附性和表面化学活性，具有与其他阳离子交换的能力。黏土按其结构分为高岭石族、蒙脱石族、伊利石族和绿泥石族等类型。

石墨烯是一种以 sp^2 杂化连接的碳原子紧密堆积成单层二维蜂窝状晶格结构的新材料。2004 年，英国曼彻斯特大学的安德烈·盖姆（Andre Geim）和康斯坦丁·诺沃消洛夫（Konstantin Novoselov）发现，用微机械剥离法能从石墨中分离出石墨烯，因此共同获得 2010 年诺贝尔物理学奖。他们从高定向热解石墨中剥离出石墨片，然后将薄片的两面粘在一种特殊的胶带上，撕开胶带，就能把石墨片一分为二。不断地重复这样操作，于是薄片越来越薄，最后，他们得到了仅由一层碳原子构成的薄片，这就是石墨烯。石墨烯粉体常见的生产的方法为机械剥离法、氧化还原法、SiC 外延生长法，石墨烯薄膜的生产方法为化学气相沉积法。石墨烯具有优异的光学、电学、力学特性，在材料学、微纳加工、能源、生物医学和药物传递等方面具有广阔的应用前景，近年来得到了极为广泛的研究。

近年来备受关注的 MXene 材料也属于二维纳米材料。它是一类具有二维层状结构的金属碳化物和金属氮化物材料，外形类似于片片相叠的薯片。MXene 材料的化学式为 $M_{n+1}AX_n$，其中 $n=1\sim3$，M 代表早期过渡金属，如 Sc、Ti、Zr、V、Nb、Cr 或者 Mo；A 通常代表第三主族和第四主族化学元素；X 代表 C 或 N 元素。第一个 MXene 成员在 2011 年由美国德雷塞尔大学尤里·高果奇（Yury Gogotsi）教授课题组首次报道。目前 MXene 材料已在能源、光学、催化等多个领域得到广泛应用。

5.2.3　聚合物基纳米复合材料的制备方法

根据起始原料的不同，聚合物基纳米复合材料的制备方法主要包括共混法、溶胶凝胶法和原位聚合法等。

共混法是制备聚合物基纳米复合材料最简单的方法，通常可以通过熔融共混、溶液共混、乳液共混等方式进行。由于纳米粒子比表面积大、比表面能高而易于团聚，共混法实施过程中所需要注意的主要问题是纳米材料的有效分散。因此在共混前通常需要对纳米粒子进行表面修饰，这可以通过物理或化学的方式进行。物理方法通常是吸附表面活性剂或大分子到无机物表面，而化学方法通常是使用偶联剂与无机物进行化学反应。

溶胶凝胶法是用含高化学活性组分的化合物（例如正硅酸乙酯）作为前驱体，在液相下进行水解、缩合反应，在溶液中形成稳定的透明溶胶体系；溶胶经胶粒间的缓慢聚合形成三维网络结构的凝胶；最后，凝胶经过干燥得到纳米尺寸的材料。严格意义上讲，使用溶胶凝胶法制备的纳米复合材料才能被称为杂化材料（hybrid），但是目前杂化材料一词经常与纳米复合材料混用。溶胶凝胶法在制备聚合物基纳米复合材料过程中可以通过以下两种方式进行：a. 在有机聚合物的存在下原位生成无机网络；b. 同时形成有机聚合物和无机物。该方法的主要优点是反应条件温和（常温常压条件下即可），两相分散均匀。溶胶凝胶法所制备的纳米复合材料的性能通常受所生成的无机物尺寸，以及聚合物相和无机相之间的相互作用的影响。

原位聚合法通常包含三个步骤：先对纳米添加剂进行表面改性，随后将改性的纳米添加剂分散到单体中，最后进行本体或溶液聚合，纳米复合材料在原位聚合过程中形成。该方法的主要优点是易于操作、反应速度快和产物具有较好的性能。

5.2.4 聚合物胶体纳米复合材料

通过熔融加工法来制备传统的单片层状纳米复合材料这一过程重复性较差，这个问题可以通过制备胶体状的纳米复合粒子来解决。自从 20 世纪 90 年代英国谢菲尔德大学 Armes 教授的一系列开创性研究成果发表以来，聚合物-无机胶体纳米复合粒子，特别是无机物为 SiO_2 的复合粒子，得到了学术界和工业界广泛的研究。通过调控聚合物-SiO_2 纳米复合粒子中两相的组分、尺寸和结构，可以使胶体复合粒子展现出令人感兴趣的光学、力学、流变和催化等方面的性能。因此，聚合物-SiO_2 纳米复合粒子具有广阔的应用前景，包括用作宇宙尘埃的模拟物、"刺激-响应性"的 Pickering 乳化剂和透明的耐磨涂料等。例如，德国 BASF 公司研制了一种名为 COL.9 的丙烯酸共聚物-SiO_2 纳米复合粒子，已成功应用于高性能建筑外墙涂料。

聚合物-SiO_2 纳米复合粒子的制备方法主要包括物理吸附法（SiO_2 粒子和聚合物粒子在水相中直接共混）、溶胶凝胶法（SiO_2 在聚合物粒子存在下经溶胶凝胶过程原位形成包覆）和原位聚合法（单体在 SiO_2 纳米粒子存在下通过乳液聚合、无皂乳液聚合、细乳液聚合、分散聚合等非均相聚合法生成聚合物）等。从形貌上来看，物理吸附法可制备聚合物为核、SiO_2 为壳或 SiO_2 为核、聚合物为壳的复合粒子；溶胶凝胶法可制备聚合物为核、SiO_2 为壳的复合粒子；而原位聚合法可制备多种形貌的复合粒子，例如图 5.2 是经原位乳液聚合法制备的聚苯乙烯-SiO_2 核壳纳米复合粒子。其中，以 SiO_2 包覆聚合物而形成核壳结构的聚合物-SiO_2 纳米复合粒子，可以赋予聚合物亲水性、生物相容性和进一步改性的能力，同时还能提高聚合物的化学稳定性和热稳定性；以聚合物包覆 SiO_2 而形成的核壳纳米复合粒子能够保护无机核并改善其加工性。

在聚合物-无机复合粒子的制备过程中需解决的一个重要问题，是克服聚合物和无机物之间的不相容性，这通常需要在它们之间的界面建立物理化学或者化学的联系，使聚合物和无机物表面之间具有强烈的亲和力。就 SiO_2 纳米粒子存在下的非均相聚合反应来说，通常需要对无机粒子进行有机功能化，来提高聚合物和无机粒子之间的亲和力。SiO_2 粒子经功能化后，即可通过不同的聚合方法而得到纳米复合粒子。

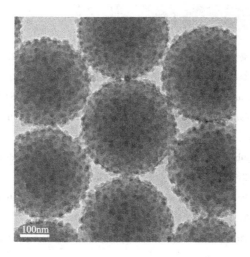

图 5.2　在约 19nm 的甘油改性 SiO_2 纳米粒子（Bindzil CC40）存在下，经原位乳液聚合法制备的聚苯乙烯-SiO_2 纳米复合粒子的 TEM 照片（其中聚苯乙烯为核，SiO_2 粒子为壳）

SiO_2 纳米粒子的功能化一般使用如下两种策略来实现：a. 经化学作用（主要是使用硅烷偶联剂）或物理作用改性无机粒子。例如，法国国家科研中心的 Bourgeat-Lami 等以 γ-甲基丙烯酰氧丙基三甲氧基硅烷改性的 SiO_2 粒子为种子，以聚乙烯基吡咯烷酮作为位阻稳定剂，通过分散聚合制备了聚苯乙烯包覆的 SiO_2 复合粒子。研究表明，对 SiO_2 粒子进行改性是实现包覆的前提条件。b. 吸附聚合的主要组分（即表面活性剂、单体或引发剂分子）到无机物表面。例如，英国谢菲尔德大学 Armes 等报道了在粒径为 20nm 的 SiO_2 水溶胶的存在下，通过 4-乙烯基吡啶（4VP）与乙烯基单体（如苯乙烯或甲基丙烯酸甲酯）无皂共聚，而得到聚合物-SiO_2 纳米复合粒子。碱性的 4VP 共单体与表面呈酸性的 SiO_2 溶胶经酸碱作用而导致复合粒子的形成。这种纳米复合粒子显示出黑醋栗-面包状形态。

思考题

1. 论述复合材料的特点。

2. 为什么在设计界面时不能片面追求界面黏结？

3. 为什么纤维增强环氧树脂复合材料比强度、比模量与钢、铝合金等金属材料相比具有明显优势？

4. 有哪些常用的增强纤维？

5. 影响聚合物基纳米复合材料总体性能的关键因素是什么？

6. 指出以下几种类型纳米复合材料的连续相与增强项：（1）0-3；（2）1-3；（3）2-3。

参考文献

［1］ 张留成，瞿雄伟，丁会利 . 高分子材料基础 . 3 版 . 北京：化学工业出版社，2012.

［2］ 顾书英，任杰 . 聚合物基复合材料 . 2 版 . 北京：化学工业出版社，2013.

［3］ Youg R J，Lovell P A. Introduction to Polymers（third edition）. New York：CRC Press，2011.

［4］ Okada A，Kawasumi M，Kurauchi T，Kamigaito O. Synthesis and characterization of a nylon 6-clay hybrid. Polym Prepr，1987，28：447-448.

［5］ Jordan J，Jacob K I，Tannenbaum R，Sharaf M A，Jasiuk I. Experimental trends in polymer nanocomposites—a review. Mater Sci Eng A，2005，393：1-11.

［6］ Zou H，Wu S S，Shen J. Polymer/silica nanocomposites：preparation，characterization，properties，and applications. Chem Rev，2008，108：3893-3957.

［7］ Balmer J A，Schmid A，Armes S P. Colloidal nanocomposite particles：quo vadis? J Mater Chem，2008，18：5722-5730.

［8］ Bourgeat-Lami E，Lang J. Encapsulation of inorganic particles by dispersion polymerization in polar media：1. Silica nanoparticles encapsulated by polystyrene. J Colloid Interface Sci，1998-197：293-308.

［9］ Barthet C，Hickey A J. Cairns D B，Armes S P. Synthesis of novel polymer‒silica colloidal nanocomposites via free-radical polymerization of vinyl monomers. Adv Mater，1999，11：408-410.

功能高分子材料

6.1　概述

通过光、电、磁、热、化学、生化等作用后，具有特定功能的材料叫作功能材料。功能材料是国民经济、社会发展及国防建设的基础和先导，对高新技术的发展起着重要的推动和支撑作用。按化学成分划分，功能材料可以分为金属功能材料、无机功能材料和功能高分子材料三类。按功能显示过程可以划分为一次功能材料和二次功能材料。所谓材料的功能显示过程是指向材料输入某种能量，经过材料的传输或转换等过程，再作为输出而提供给外部的一种作用。当向材料输入的能量和从材料输出的能量属于同一种形式时，材料起到能量传输部件的作用，材料的这种功能称为一次功能；而当向材料输入的能量和从材料输出的能量属于不同形式时，材料起到能量的转换部件作用，材料的这种功能称为二次功能或高次功能。

6.1.1　功能高分子材料与高性能高分子材料

功能高分子材料，简称功能高分子或精细高分子。性能和功能这两个词的科学概念在中文中并没有十分明确的界限，但英语中的 performance 与 function 其含义则有较严格的区分。一般说来，性能是指材料对外部作用的抵抗特性。例如，对外力的抵抗表现为材料的强度、模量等；对热的抵抗表现为耐热性；对光、电、化学药品的抵抗，则表现为材料的耐光性、绝缘性、防腐蚀性等。所谓功能，是指从外部向材料输入信号时，材料内部发生质和量的变化而产生输出的特性。例如，材料在接受外部光线的输入时，可以输出电性能，这称为材料的光电功能；材料在受到多种介质作用时，能有选择地分离出其中某些介质，这称为材料的选择分离性。此外，诸如压电性、药物缓释性等，都属于"功能"的范畴。

功能高分子材料本身又可分为两大类：一类是对来自外界或内部的各种信息，如负载、应力应变、光、电、磁等信号的变化具有感知能力的材料，称为"敏感材料"；另一类是在外界环境发生变化时能作出适当的反应并产生相应动作的材料，如变色镜片、变色玻璃等，称为"机敏材料"。

需要说明的是，功能高分子材料和高性能高分子材料并不是一个概念，但它们均属于特种高分子材料的范畴。从实用的角度来看，功能高分子材料着眼于材料所具有的独特功能，即当有外部刺激时，能通过化学或物理的方法作出响应的高分子材料；高性能高分子材料则是指对外场具有特别强抵抗能力的高分子材料，人们关心的是它与通用材料在性能上的差异。

6.1.2 功能高分子材料的特点

功能高分子材料一般是指具有传递、转换或储存物质、能量和信息作用的高分子及其复合材料。所谓"功能"是指这类高分子除了机械特性外，还具有化学反应活性、导电性、催化性、生物相容性、选择分离性、能量转换性、磁性等。由于其具有轻、强、耐腐蚀、种类繁多、原料丰富、易于分子设计等特点，功能高分子材料在医药、环境保护等领域具有广泛的应用。

6.2 功能高分子材料的分类

6.2.1 按照功能特性

功能高分子材料种类繁多，分类方法也各有不同。按照功能特性，日本著名功能高分子专家中村茂夫教授将功能高分子材料做了如下分类，如表 6.1 所示。

表 6.1 功能高分子材料分类（一）

分类	举例
力学功能材料	① 强化功能材料,如超高强材料、高结晶材料等; ② 弹性功能材料,如热塑性弹性体等
化学功能材料	① 反应功能材料,如高分子催化剂、高分子试剂等; ② 生物功能材料,如生物反应器、固定化酶等
生物化学功能材料	① 人工脏器用材料,如人工肾、人工心肺等; ② 高分子药物,如药物活性高分子、缓释高分子药物等; ③ 生物分解材料,如可降解性高分子材料等
物理化学功能材料	① 能量转换功能材料,如压电性高分子、热电高分子等; ② 电学功能材料,如导电高分子、超导高分子等; ③ 光学功能材料,如感光高分子等

6.2.2 按照性质和功能

按照性质和功能，功能高分子主要可以分为 8 大类，如表 6.2 所示。

表 6.2 功能高分子材料分类（二）

分类	举例
反应型高分子材料	高分子试剂、高分子催化剂、高分子染料、固定化酶试剂等
光敏型高分子材料	光稳定剂、光刻胶、感光材料、光导材料、光致变色材料等
电性能高分子材料	导电聚合物、能量转换型聚合物、电致发光材料等
高分子分离材料	分离膜、缓释膜和其他半透性膜材料、离子交换树脂等
高分子吸附材料	高分子吸附性树脂、高吸水性高分子、高吸油性高分子等
高分子智能材料	高分子记忆材料、信息存储材料、压力感应材料等
医用高分子材料	医用高分子材料、药用高分子材料和医药用辅助材料等
高性能工程材料	高分子液晶材料、阻燃性高分子材料、功能纤维材料等

6.3 功能高分子材料的功能设计

功能高分子材料的关键就是进行功能设计，包括分子设计、材料科学设计以及技术创新和开发高分子材料功能的全过程。功能不但与聚合物性能密切相关，而且与聚合物的结构和相态等有关。功能高分子材料的设计根据不同的结构层次，一般主要通过三种途径实现：即化学结构设计、聚集态结构设计和复合结构设计。其中，化学结构亦称一次结构，涉及高分子链结构单元的化学组成、结构单元间的键接方式、结构单元的构型等；而二次结构则是指高分子链的大小及其在空间的形态结构，与高分子的分子量和大分子链本身的柔性有关，分子链的柔性越高则高分子的空间构象越多；聚集态结构则属于三次结构，考虑的是高分子链与链之间的堆砌方式是否有序，包括非晶态结构、单轴双轴取向结构、结晶态结构以及液晶态结构等；复合结构主要考虑高分子链与其他组分间的堆砌方式及其在空间的分布，属于高次结构。设计方法如下：

① 设计化学结构。将功能基团引入聚合物链从而实现材料的新功能。例如，对于感光高分子光刻胶的设计，就是在体系中引入光敏基团形成光敏高分子，从而实现光敏特性。

② 利用高分子的聚集态结构进行巧妙设计。可以根据高分子链本身刚柔性和规整性的不同，通过不同的加工工艺调节高分子链在空间的形态和堆砌，来赋予高分子功能特性。例如，光导纤维、光学塑料等材料需要首先考虑材料本身的透明性；高分子功能膜材料的设计则既要考虑化学结构也要考虑物理结构。

③ 设计高分子复合结构。通过两种或两种以上的具有不同功能或性能的材料进行复合，设计成复合型材料。该方法工艺简单、材料来源丰富、价格低廉。

6.4 功能高分子材料的应用

6.4.1 功能高分子与现代医学的发展

伴随着时代的进步和社会的发展，人类的生命现象以及健康问题越来越受到重视，生命科学等一系列新兴学科蓬勃发展。其中，生物医用材料作为生物医学的分支之一，是由生物、医学、化学和材料等学科交叉形成的边缘学科。而医用高分子材料则是生物医用材料的重要组成部分，可以用于人工脏器、外科修复性材料、理疗康复、高分子医疗器材以及高分子药物等医疗领域。

生物医用高分子材料是指在生理环境中使用的高分子材料，需要长期与人体体表、血液、体液接触，有些甚至要求永久性植入体内。因此，该类材料必须具有优良的生物体替代性（如力学性能、功能性）和生物相容性。生物医用高分子材料需要满足的基本条件包括：化学惰性，即不会因与体液或血液接触而发生变化；不会引起周围组织炎症反应；不会产生遗传毒性和致癌；不会产生免疫毒性；长期植入体内也应保持所需的拉伸强度和弹性等物理机械性能；具有良好的血液相容性；能经受必要的灭菌过程而不变形；易于加工成所需要的复杂形态。目前，国内外对所有进入临床医用的医用高分子材料已建立了如图 6.1 所示的评价体系。

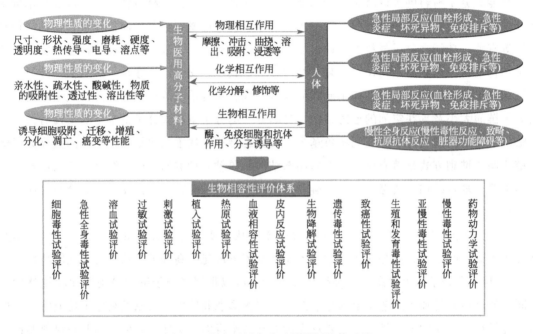

图 6.1　临床医用高分子材料评价体系图

6.4.1.1　人工脏器

人工脏器主要包括人工心脏、人工肾（血液渗析器）、人工肺等。用于制造接触血液的人工脏器医用高分子材料特别要求血液相容性好、不凝血，不破坏红细胞和血小板，不改变血液蛋白，有良好的抗细菌黏附性，并且具有与人体器官相似的弹性、延展性以及良好的耐疲劳性等。例如，人工心脏（图 6.2）实际上是一个由微型电动机带动的机械泵，泵体需要与血液和体液在长期的接触中不会腐蚀和老化，并且具有很好的弹性和机械强度以及较好的抗血栓能力。聚醚氨酯和硅橡胶等常用作人工心脏材料。

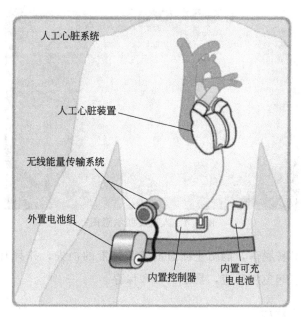

图 6.2 人工心脏示意图

此外，人们从生物膜的结构中可以获得启示，即制备具有微相分离结构的高分子材料可以达到生物相容性好的效果。如图 6.3 所示，聚氨酯树脂的化学结构包括具有疏水性的氨基甲酸酯硬段和具有亲水性的聚醚软段。正是由于软、硬链段的热力学不相容而产生微观相分离结构，因此，聚氨酯树脂材料可以用在医学领域。

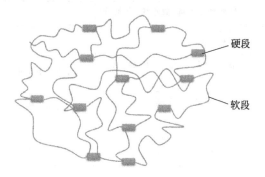

图 6.3 聚氨酯树脂的结构示意图

6.4.1.2 修复性医用高分子材料

修复性医用高分子材料包括人工角膜、接触眼镜、人造皮肤、齿科材料、接骨材料、美容材料等。人造皮肤是一种无细胞真皮的临时性替代物（图 6.4），其外层表皮成分是聚硅氧烷，能够保证适当的机械强度、防止水分的蒸发和感染；内层材料包括从牛腱中分离的胶原纤维及从鲨鱼软骨中提取的 6-硫酸软骨素，具有良好的生物相容性。人造皮肤的主要作用就是防止水分和体液从创面流失或蒸发，预防感染和使肉芽上皮细胞逐步成长，从而促进愈合。人造皮肤要有类似皮肤的柔软性、润滑性、透湿性，并且与创面组织能贴紧，具有相

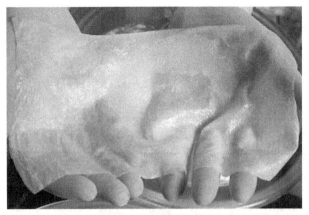
图 6.4　人造皮肤示意图

容性，但创面愈合后又易脱落，能防止创面水分和体液的损失，并具有吸收渗出液的特性，无毒，无刺激，不会引起免疫反应，易于消毒和保存。

6.4.1.3　高分子医疗器材

高分子医疗器材包括医用导管、高分子绷带（弹性绷带）、一次性高分子医疗用品（表6.3）等。

表6.3　通用一次性高分子医疗用品

种类	材料	特性
营养导管、血液导管、尿道导管	软质聚氯乙烯、聚乙烯、尼龙、聚四氟乙烯 天然橡胶	柔软性、血液相容性
输液器、输液袋	软质聚氯乙烯、聚丙烯、聚乙烯等	柔软性、密封性
输血管、输血袋	软质聚氯乙烯、聚丙烯、聚乙烯等	血液相容性
注射器	聚丙烯、聚 4-甲基戊烯、苯乙烯-丁二烯共聚体、天然橡胶等	透明性、高强度

6.4.1.4　高分子药物

高分子在药物中的应用包括小分子药物的高分子化、高分子载体药物、高分子导向药物、代血液、药物辅料等，如抗癌高分子药物（非靶向、靶向）、用于心血管疾病的高分子药物（治疗动脉硬化、抗血栓、凝血）、抗菌和抗病毒高分子药物（抗菌、抗病毒、抗支原体感染）、抗辐射高分子药物、高分子止血剂等。将小分子药物与高分子链结合的方法有吸附、共聚、嵌段和接枝等。第一个实现高分子化的药物是青霉素，所用载体为聚乙烯胺，之后又有许多的抗生素、心血管药和酶抑制剂等实现了高分子化。天然药理活性高分子有激素、肝素、葡萄糖、酶制剂等。具有药理活性的高分子如聚乙烯吡咯烷酮和聚 4-乙烯吡啶-N-氧撑是较早研究的代用血浆。主链型聚阳离子季铵盐具有遮断副交感神经、松弛骨骼肌的作用，是治疗痉挛性疾病的有效药物。二乙烯基醚与顺丁烯二酸酐共聚所得的吡喃共聚物是一种干扰素诱发剂，具有广泛的生物活性，不仅能抑制各种病毒的繁殖，具有持久的抗肿瘤活性，而且还有良好的抗凝血性。

6.4.2 信息产业中的高分子材料

随着科技的进步，功能高分子材料逐步具有存储记忆、导电、发光、磁性、光电导通、载流子迁移等性能，已广泛应用于信息材料领域。信息产业的发展则是计算机和通信技术共同发展的结果。其中，超大规模集成电路便是依托聚合物电子材料，通过现代光刻技术并借助光刻胶的作用建立起来的。

所谓的光刻胶是一种光敏性聚合物。在光的作用下，光刻胶能够发生聚合、交联或分解等化学反应，使树脂的溶解性能发生突变。选择一种合适的溶剂，将树脂的可溶部分溶解掉从而获得所需的图案，其形成过程如图 6.5 所示。首先，在 Si 片基材上沉淀一层 SiO$_2$ 并在其表面涂一层光刻胶。烘干后在上面贴上一块绘有电路图案的掩膜。然后将其置于一定波长和能量的光或射线下进行照射，使光刻胶发生化学反应。被曝光的部分发生聚合或交联而变得不溶，或者发生分解变得可溶。接着，利用溶剂将可以溶解的部分溶掉，即在硅片上留下了光刻的图案。最后，用 HF 腐蚀掉裸露的 SiO$_2$，再选用另一种溶剂溶去剩余的光刻胶，就能在硅片上得到同掩膜完全一致的图案。在同一个 Si 片上经过多次刻蚀就可以制备出一块大规模集成电路。

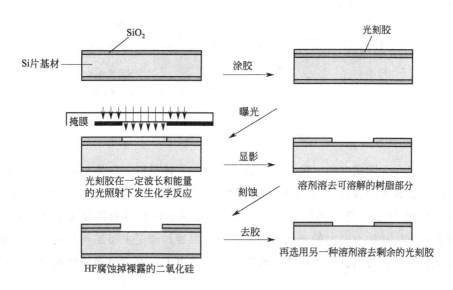

图 6.5　光刻胶过程示意图

此外，有机塑料光纤、电子封装材料、磁带、光碟以及全息存储材料等也属于功能高分子材料范畴。

6.4.3 高分子材料在太阳能电池方面的应用

太阳能电池，又称光伏器件，是一种利用光生伏特效应把光能转变为电能的器件，是太阳能光伏发电的基础和核心。太阳能电池是由电性质不同的 N 型半导体和 P 型半导体连接合成的，一边是 P 区，一边是 N 区，在两个相互接触的界面附近形成一个 P-N 结。结区内形成的内建电场成为电荷运动的势垒（图 6.6）。当太阳光入射到太阳能电池表面上以后，所吸收的能量大于禁带宽度，在 P-N 结中产生电子空穴对，在 P-N 结内建电场作用下，空穴向 P 区移动，电子向 N 区移动，从而在 P 区形成空穴积累，在 N 区形成电子积累。若电路闭合则形成电流。

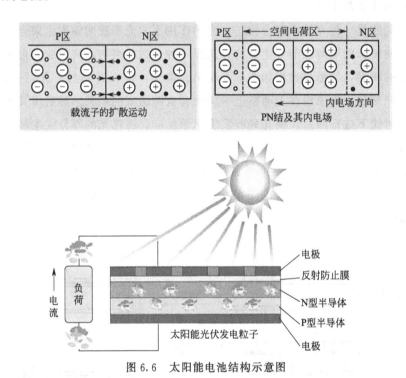

图 6.6 太阳能电池结构示意图

高分子材料在太阳能电池上的应用主要包括作为给体材料、受体材料、空穴传输层材料以及柔性电极。常用的高分子主要包括噻吩类衍生物、聚 3，4-乙撑二氧噻吩（PEDOT）、聚苯乙烯磺酸盐（PSS）等。可作为高分子太阳能电池给体材料的共轭聚合物种类繁多，许多都能够表现出优异的有潜力的光伏性能，而且可以通过改变主链结构及侧链取代基的方法进一步优化其性能，为高分子太阳能电池未来取代硅电池以及无机薄膜电池奠定了基础。

6.5 智能高分子材料

6.5.1 智能材料简介

1989 年，日本学者高木俊宜教授首次提出了"智能材料"的概念。智能材料的研究主要是依照仿生学的方法，以获得具有类似生物材料结构及功能的"活"材料系统为目标。该系统是能够感知环境变化，并且实时改变自身的一种或多种性能参数以适应环境变化，还可以根据期望作出自我调整的复合材料。

智能材料是同时具有感知功能即信号感受功能（传感器功能）、自己判断并作出结论的功能（信息处理功能）和自己指令并行动的功能（执行机构功能）的材料，其三大基本要素是感知功能、信息处理功能和执行功能。智能材料来自功能材料，要求材料体系集感知、驱动和信息处理于一体，形成类似生物材料的具有智能属性的材料，同时具备感知、自诊断、自适应、自修复等功能（图 6.7）。

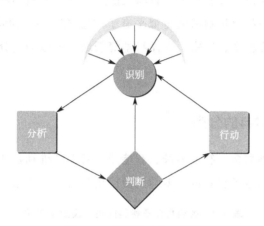

图 6.7　智能材料响应系统

智能材料系统应该具有以下智能功能和生命特征：能够感知自身所处的环境与条件的传感功能；可以通过传感网络对系统输入和输出信息进行对比，并将其结果提供给控制系统的反馈功能；能够识别传感网络得到的各类信息并将其积累起来；能够根据外界环境和内部条件的变化适时、动态地作出相应的反应并采取必要行动的响应功能；能通过分析比较系统目前的状况与过去的状况，并对诸如系统故障与判断失误等问题进行自诊断并予以校正的自诊断能力；能够通过自繁殖、自生长、原位复合等再生机制，来修补某些局部损伤或破坏的自修复能力；对不断变化的外部环境和条件能及时地自动调整自身结构和功能，并相应地改变自己的状态和行为，从而使材料系统始终以一种优化方式，对外界变化作出恰如其分响应的自适应能力。

美国 R. E. Newnham 教授将智能材料称为机敏材料，但二者并非完全相同。一些学者认为二者有层次上的区别，即机敏复合材料只能作出简单线性的响应，但智能复合材料可以根据环境条件的变化程度，非线性地使材料与之适应以达到最佳的效果，可以说在机敏复合材料的自诊断能力、自适应能力和自愈合能力的基础上增加了自决策功能，体现了具有智能的高级形式。二者的联系实际高于区别。设计智能材料系统的思路主要有两种：材料的多功能复合和材料的仿生设计。如飞机能够像鸟一样灵活地飞翔，鱼雷能像鱼一样游向目标，机器人能像人类一样敏捷地完成多种复杂运动，诸如此类源于自然界的灵感和想象构成了人们研究智能材料结构的智慧源泉，而现代科学技术的发展和需求为智能材料的研究打下了坚实的基础。智能材料作为多种材料和高技术的综合与集成品,在国民经济和国防科技等各方面发挥着重要的作用。

6.5.2　智能高分子材料的概念

智能高分子材料是以高聚物为基体或有高聚物参与的智能材料,是指高分子材料在不同程度上能够感知或监测环境变化,并能够进行自我诊断作出结论,最终实现指令或进行指令执行功能的新型材料。智能高分子材料是通过分子设计和有机合成的方法,使有机材料本身具有类似生物体的高级功能,如自修复与自增殖能力、认识与鉴别能力、刺激响应与环境应变能力等,从而使无生命的有机材料变得似乎有了"感觉"和"知觉"。智能高分子材料涉及诸如信息、电子、生命科学、宇宙、海洋科学等领域,已成为高分子材料的重要发展分支之一。

6.5.3　智能高分子材料的分类

智能高分子材料品种繁多。智能凝胶、智能膜、智能纤维和智能黏合剂等均属于智能高分子材料的范畴。智能高分子材料的主要类别及应用如表 6.4 所示。

表 6.4　智能高分子材料的主要类别及应用

类别	性质	应用
记忆功能高分子材料	对应力、形状、体积、色泽等有记忆效应	医用材料、包装材料、织物材料、热收缩管
智能纤维织物(聚乙二醇与各种纤维共混物)	热适应性、可逆收缩性	服装保温系统、传感/执行系统、生物医用压力绷带
智能高分子凝胶	三维高分子网络与溶剂组成的体系体积相转变	组织培养、环境工程、化学机械系统、调光材料、智能药物释放体系
智能高分子复合材料(多学科交叉产物)	集成传感器、信息处理器和功能驱动器……	自愈合、自应变、自动修补混凝土,形状记忆合金与复合功能器件、压电材料
智能高分子膜	选择性渗透、选择性吸附和分离等	选择透过膜材、传感膜材、仿生膜材、人工肺

6.5.4　智能高分子材料的研究内容

智能高分子材料的研究内容主要集中在生物智能高分子材料,与关键工程结构件高分子材料的智能化两大方面。研究热点主要包括智能高分子凝胶、形状记忆高分子材料、智能织物、机敏材料、机敏传感器、机敏执行器,以及智能控制理论与关键共性技术、智能结构数学力学、智能结构设计理论与方法、智能材料系统与结构的应用等。

由于高分子材料与具有传感、处理和执行功能的生物体有着极其相似的化学结构,较适合制造智能材料并组成系统,因此,智能高分子材料的研究和开发备受关注。

6.5.5 智能高分子凝胶

高分子凝胶由具有交联结构或网状结构的高聚物和溶剂组成。这种高聚物不能被溶剂所溶解，但却由于吸收大量溶剂能够被溶胀。交联高聚物的溶胀过程，是两种相反趋势的平衡过程，即：溶剂分子进入高聚物网络内使得体积膨胀，从而导致三维分子网络伸展；而交联点之间高分子链的伸展同时降低了分子链构象的熵值，分子网络的弹性收缩力力图收缩分子网络。当这两种相反的趋势相互抵消时，就达到了体积溶胀平衡。高分子凝胶是自然界中普遍存在的一种物质形态。生物机体的许多部分就是由凝胶构成的，如眼球。

智能高分子凝胶是一种三维高分子网络和溶剂组成的体系，由具有三维交联网络结构的聚合物与低分子介质共同组成，这类高分子凝胶可以随着环境的变化而产生可逆的、非连续的体积变化。智能高分子凝胶其大分子主链或侧链上含有离子解离性、极性或疏水性基团，对溶剂组成、温度、pH 值、光、电场、磁场等的变化，能产生可逆的、不连续（或连续）的体积变化，这种膨胀有时能达到几十倍乃至几百倍、几千倍。

刺激响应性高分子凝胶是其结构、物理性质、化学性质，都可以随外界环境改变而变化的一类高分子凝胶。外界环境刺激因素包括温度、压力、声波、离子、溶剂组成、电场和磁场等。当溶剂组成、pH 值、离子强度、温度、光强度和电场等刺激信号发生变化时，或受到特异的化学物质刺激时，凝胶会发生突变，呈现相转变行为（收缩相-溶胀相）。该种响应充分体现了高分子凝胶的智能性行为，故刺激响应性高分子凝胶属于智能材料。

凝胶的性质与网络结构及网络所包含溶剂的性质有着密切的关系。溶剂与高分子链的亲和性越好，凝胶膨胀程度越大。平衡时的膨胀程度还与交联程度有关，交联点数量越少，膨胀程度越大。

高分子凝胶由于所受的刺激信号不同，可以主要分为以下不同类型：pH 响应性凝胶、生化响应性凝胶、盐敏性凝胶、温度响应性凝胶、光响应性凝胶、压力敏感性凝胶和电场响应性凝胶。

6.5.6 智能药物释放体系

智能药物释放体系是指当药物所在的环境发生变化时，该体系能够作出相应的反应，并以一定的形式将药物释放出来。利用药物释放体系代替常规的药物制剂，能够在固定时间内按照预定方向连续释放药物，并且能够在一段固定时间内使药物在血浆和组织中的浓度稳定到适当水平。

智能型药物释放体系的工作原理主要是利用凝胶的收缩与膨胀来实现的，如图 6.8 所示。当凝胶粒子浸入药物后，形成的致密表面层可以使药物浸含在粒子内并会呈收缩状态。当感受到疾病信息后，凝胶的体积膨胀便会使浸含的药物通过扩散释放出凝胶粒子；当身体恢复到正常时，凝胶恢复到收缩状态，从而抑制了药物的进一步扩散。

智能药物释放体系所需的药物控制释放材料应具备以下重要性能：良好的生理相容性

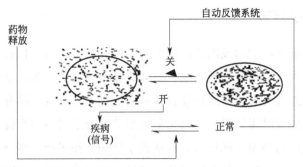

图 6.8 智能型药物释放体系工作原理

和生物降解性、低毒性、相对稳定的物理化学性质和易于被患者接受；同时，药物控制释放材料还应该具有较低的表面自由能，以便使它在进入人体后不被蛋白质或者细胞包覆；载体材料需要具有弹性，使它可以最低限度地刺激体内其他组织从而进行药物释放。随着智能高分子材料的不断进步与发展，智能药物释放体系将成为主要的药物制剂形式和给药方式，在疾病治疗和医疗保健等领域发挥巨大作用。

思考题

1. 简述功能材料与高性能材料的区别。
2. 举例阐述功能高分子材料在现代医学、信息等领域中的应用。
3. 简述智能高分子材料的三要素。

参考文献

[1] 何领好，王明花. 功能高分子材料. 武汉：华中科技大学出版社，2016.

[2] 李青山. 功能与智能高分子材料. 北京：国防工业出版社，2006.

[3] 焦剑，姚军燕. 功能高分子材料. 北京：化学工业出版社，2016.

[4] 辛志荣，韩冬冰. 功能高分子材料概论. 北京：中国石化出版社，2009.

[5] 陈莉主. 智能高分子材料. 北京：化学工业出版社，2005.

[6] 杨大智. 智能材料与智能系统. 天津：天津大学出版社，2002.

[7] 苏宏东. 医用高分子材料的研究进展. 科技展望，2017，32：112-114.

[8] 张留成，王家喜. 高分子材料进展. 北京：化学工业出版社，2014.

[9] 马建标. 功能高分子材料. 北京：化学工业出版社，2010.

[10] 姚康德. 智能材料. 北京：化学工业出版社，2002.

第7章

高分子材料的可持续性发展

塑料、橡胶和纤维三大合成高分子材料是人类生活中的重要基础材料，因其具有密度小、比强度高、易加工成型等优点，而广泛应用于建筑、交通运输、农业、电气电子工业、生物医药等国民经济各个领域。目前，我国三大合成高分子材料的年产量已超过 1.3 亿吨。然而，高分子材料的合成一方面需要消耗大量的化石能源，另一方面其废弃物的不可降解性给环境造成越来越大的压力，甚至造成了严重污染。习近平总书记一直十分重视生态环境保护，多次强调"绿水青山就是金山银山"的发展理念，坚持节约资源和保护环境的基本国策。因此，探索解决日益增长的高分子材料实际需求与减少化石能源消耗以及其废弃物污染环境相矛盾问题的途径，对高分子材料行业的可持续发展和助力"碳中和、碳达峰"目标具有十分重要的意义。

高分子材料的环境污染问题一直以来都是世界关注的重要热点问题之一。白色污染（white pollution）是对废塑料污染环境现象的一种形象称谓，其主要是指聚苯乙烯、聚丙烯、聚氯乙烯等制成的包装材料，日用高分子材料产品（一次性餐具、塑料瓶等），农用地膜等难以降解的废弃物，由于随意丢弃从而给生态环境和景观造成的污染。因废塑料多为白色，所以叫作白色污染。近年来，与白色污染塑料相比，对于环境危害程度更大的微塑料也引起了人们极大的关注。微塑料的概念首次出现在 2004 年 Science 发表的一篇文章"lost at sea：where is all the plastic?"中，它是指直径小于 5mm 的高比表面积塑料颗粒。目前，在海水中、海底和海底沉积物中，都发现有微塑料的存在。微塑料已经成为造成海洋环境污染的主要载体，对生物和人都会产生难以预计的危害。例如，微塑料被鱼类吞食后，人再吃鱼，塑料微粒就会累积在人体内。2018 年联合国环境规划署以"Beat plastic pollution"作为世界环境日主题，呼吁全世界齐心协力对抗一次性塑料污染问题，塑料污染防治再次成为国际热门话题。

作为世界塑料制品生产和消费第一大国，我国政府也一直在积极开展塑料污染治理。我国首次针对塑料污染问题的政策可以追溯到 1999 年，当时的国家经贸委出台政策要求 2000 年年底前淘汰一次性发泡餐盒产品。2007 年 12 月我国首次发布"限塑令"，国务院办公厅明确了限制生产、销售、使用塑料购物袋的相关规定，目的是为了限制和减少塑料袋的使用，遏制白色污染。该"限塑令"实施的初期，对遏制白色污染起到了一定作用。但随着快递业和餐饮外卖业的发展，"限塑令"作用日渐消退，没有从根本上解决问题。2018年年初，国家发改委及有关部门针对不同领域塑料制品的污染治理要求，研究编制了《关于进一步加强塑料污染治理的意见》的草案，修改完善后于2020年1月16日由国家发改委、生态环境部联合发布。该升级版的"限塑令"提出建设试点工作方案，要求限制生产、销售和使用一次性不可降解塑料袋、塑料餐具，扩大可降解塑料产品应用范围。目前，不可降解的塑料袋、塑料吸管已经逐步从市场上消失了，取而代之的是可降解塑料购物袋和吸管（或者纸吸管）。

高分子材料在使用废弃后确实带来了不少环境问题，但并不能因此否定它的贡献而抵制使用，"限塑"并不等于"禁塑"。只要不断开发新的绿色高分子材料，完全可以实现经济发展与生态环保相互促进，做到"既要金山银山，又要绿水青山"。因此，全方位探索"限塑"背景下的高分子材料可持续发展策略是迫切而必要的。

7.1 绿色高分子材料的内涵

绿色高分子材料也称环境友好高分子材料，相对于常规高分子材料而言，其在材料合成、生产、加工和使用过程中不会对环境造成污染。广义地讲，绿色高分子材料具有耐用、性价比高、无毒化生产、可回收利用和可降解等特性，高分子材料生产和使用的绿色化发展策略都属于绿色高分子材料研究开发和推广的范畴。因此，为了解决环境污染与高分子材料的资源危机和应用需求的矛盾，必须寻求绿色无公害的高分子合成方法，或者开发可降解高分子材料，并探索环境稳定高分子材料的回收与循环使用。

绿色高分子材料需同时具备以下条件。

（1）良好的使用效能

绿色高分子材料在使用期限内需具有与普通高分子材料同样的使用效能，如成本低、成型工艺简单、比模量和比强度高、耐腐蚀、绝缘性好等特点，在合成、加工和使用过程中性能较稳定。超过一定期限后其分子结构才发生变化，能够自然降解并被自然同化。如以聚乳酸为代表的生物可降解塑料，可由挤出、纺丝、双轴拉伸、注射吹塑等多种加工方法成型，产品在使用期间生物相容性、光泽度、透明性、耐热性和机械性能良好，发挥应有的功能后可降解成二氧化碳和水，对环境和人体无毒无害。

（2）对不可再生资源消耗少，对环境污染小

高分子材料按照来源分类，包括天然有机高分子化合物和合成有机高分子化合物。99%的高分子材料是由石油中提炼出的小分子原料聚合而成的，消耗了大量石油化工类不可再生资源，且合成过程中会使用大量的有机溶剂和催化剂等物质，它们可能会残留在产品中，同时聚合反应时可能产生有毒的副产物。因此，绿色高分子的合成既要求选择来源丰富、对环境无公害的原料，还要求合成过程中不产生有毒副产物。选择天然高分子材料，如淀粉、纤维素、蛋白质、天然橡胶等可减少石油等不可再生资源的消耗，但是自然界中的这些天然高分子材料产量低、形成时间长，机械性能和加工性能方面存在缺陷，需要改性后才能使用，不能满足绿色可持续发展的需求。拓宽绿色高分子聚合单体的范围，可减少对石油原料的依

赖，如利用生物基乳酸单体聚合的聚乳酸，利用污染废气中的二氧化碳与环氧化合物聚合而成的脂肪族聚碳酸酯等。

对于合成的有机高分子，则需要开发新的合成方法或者高效生产技术，发展绿色化学，实现可持续性发展。聚合反应时的工艺条件尽量简单温和，采用无毒的溶剂替代有毒溶剂，确保反应过程中不产生有毒副产物或者副产物做无害化处理。此外，采用高效无毒的催化剂进而提高生产效率，降低反应能耗。

（3）可再生或可降解，循环利用率高

绿色高分子主要表现为原料可再生或者材料可降解。

原料可再生的高分子一般为生物基高分子材料，其推广应用可有效降低高分子对不可再生化石资源的依赖。目前，生物基高分子材料主要可以分为两大类：天然高分子材料和合成生物基高分子材料。天然高分子材料是对自然界中存在的纤维素、壳聚糖、淀粉、木质素、蛋白质等高分子物质，直接进行加工、改性获得的高分子材料，但其分子结构复杂、性能受来源影响较大，不利于高分子材料的设计与制备。合成生物基高分子材料则是指通过生物质小分子单体聚合制备的高分子材料。与天然高分子材料相比，其单体来源广泛、品种多样、可设计性强，可作为不可再生化石资源的天然替代品。如植物油、乳酸等或由天然大分子催化解聚制备的多元醇、多元酸等小分子单体，均可聚合制备成新的生物基高分子材料，具备与石油基高分子材料相似的结构与性能。然而，目前合成生物基高分子材料制备方法有限，且成本较高，还不能得到非常广泛的推行及应用。寻找更多的生物质小分子单体，研发新的聚合方法，提高新材料的性能，对于推广生物基高分子材料的应用是势在必行的。

可降解高分子材料的设计，在合成初期就要考虑到材料的降解方式。在分子链中引入光、热、氧、生物敏感的基团，可为使用后的降解提供条件。依据降解方式和条件，绿色高分子可分为光降解高分子材料、生物降解高分子材料以及光/微生物双降解高分子材料。

① 光降解高分子材料。光降解高分子材料的分子结构中一般含有光敏基团，可吸收紫外线发生光化学反应，如乙烯——氧化碳共聚物、乙烯基单体与乙烯基酮共聚物、带有羰基等光敏基团的聚乙烯等。对于不含光敏基团的聚合物可以通过传统的共混方法加入少量的光敏剂，如芳基酮类、有机二硫化物以及过渡金属盐或络合物等来制备光降解高分子材料。

② 生物降解高分子材料。聚乳酸（PLA）、聚羟基脂肪酸酯、氨基酸高分子、聚对二氧环己酮、二氧化碳共聚物、生物基弹性体、呋喃二甲酸基聚酯、纤维素基高分子等，均是可生物降解的高分子。它们从生产、使用到废弃的全生命周期内，环境负荷很低甚至完全没有影响，又被称为生态环境高分子。

PLA是最重要的生态环境高分子，也是生物可降解生物基高分子的典型代表。目前合成PLA的初始原料是玉米淀粉发酵所生成的乳酸，由于一步法从乳酸难以合成高分子量的PLA，工业上通常采用两步法制备，即先将乳酸低聚制得乳酸低聚物，再催化裂解环化形成丙交酯中间体，随后丙交酯经开环聚合得到高分子量 PLA（图 7.1）。PLA 的机械性能及物理性能良好，且具有良好的生物相容性和可降解性，广泛应用于一次性用品、电子电器、生物医药等领域。据生物基材料交易平台统计，2020 年全球已建和在建 PLA 产能仅 33.5 万吨，中国国内 PLA 树脂总产能达到 8 万吨，供应严重稀缺，远远不能满足市场需求。中国生物降解树脂"十四五"规划中提出，2021～2025 年期间中国企业 PLA 产能规划将超330 万吨。

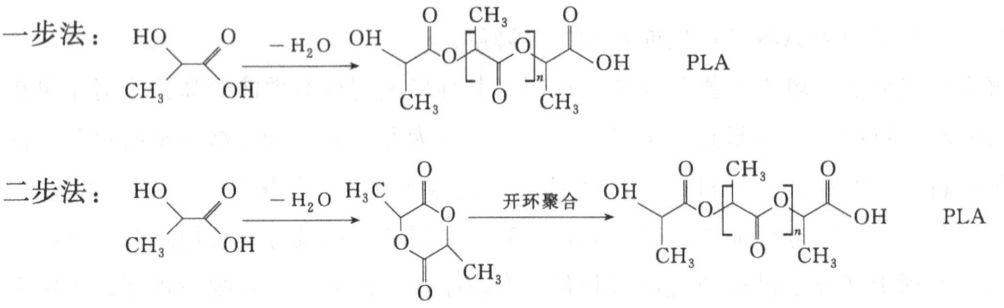

图 7.1　PLA 的两种合成路线

③ 光/微生物双降解高分子材料。光降解塑料只有在较强的光线下才能发生降解，当埋入地下或者避光的情况下将不能有效降解，而生物降解塑料的降解速率也与环境中的温度、湿度、微生物以及土壤酸碱度等相关，两种塑料降解时均存在一定的降解局限性。开发光/微生物双降解高分子材料，对一些特殊环境使用的产品而言意义重大，如可降解地膜材料。地膜技术的推广和应用对我国农业增产增收发挥了巨大的作用，但过季地膜混入土壤，长期积累会造成农田的严重污染，破坏生态环境。因此，发展可降解塑料地膜，包括生物降解、光降解及光/生物双降解塑料地膜成为治理地膜污染问题的理想途径。相比之下，光/微生物双降解成本较低，降解重复性较好。目前比较成熟的光/微生物双降解地膜主要原料为聚乙烯。通过在聚乙烯中添加光敏剂硬脂酸铁和改性淀粉可以制备具有双降解性的聚乙烯薄膜。

（4）整个过程中与环境协调共存

高分子材料在成型为产品前，要经历材料的开发、加工制造、包装、储存、运输和使用过程，废弃后要经历填埋或者回收再利用。作为绿色高分子材料，需在整个生产、运输、使用和废弃后处理阶段不产生有毒有害物质，包括原料无毒、催化剂无毒、工艺无毒、应用无毒，废弃后自然降解成对环境无污染的物质，能与环境协调共存。

7.2　高分子材料的再利用

对废弃高分子材料回收再利用，既可减少石油原料资源的浪费而提高材料的利用率，也可避免废弃高分子材料对环境造成的污染，是高分子材料可持续性发展的重要途径。

7.2.1　热塑性塑料的熔融再生

热塑性塑料在一定的温度条件下能软化或熔融成任意形状，冷却成型后保持形状不变。相比于热固性塑料只可成型一次的情况，热塑性塑料可多次反复加工成型而仍具有可塑性，相关废旧品回收后可重新加工为新的产品。热塑性塑料的分子结构为线型高分子，一般情况下不具有活性基团，受热时不发生分子链间交联，这种反复成型过程只是一种物理变化。热塑性塑料占高分子材料很大比例，主要品种有聚烯烃类（乙烯基类、烯烃类、苯乙烯类、丙烯酸酯类、含氟烯类等）、纤维素类、聚醚聚酯类及芳杂环聚合物类等。

热塑性塑料的熔融再生过程包括废旧塑料的收集、分拣、清洗、干燥、粉碎、造粒以及再次成型。废旧塑料的收集和分拣由人工完成，清洗、干燥、粉碎分别由清洗装置、鼓风烘箱、破碎机完成。收集的废旧塑料种类繁杂，成分和配方各不相同，并且表面附着灰尘、泥沙、油渍等，这些杂质严重影响再生塑料的质量，一般需要增加破碎和清洗次数去除这些杂质，从而提高再生产品的质量。粉碎后再通过挤出机熔融挤出造粒，挤出的塑料被切粒机切成大小均匀的颗粒，就可以用来再次成型各类塑料产品了。此回收方法工艺简单、应用广泛，缺点是破碎、清洗、烘干、挤出和切粒都需要专门的设备，生产成本高、工作噪声大、易产生粉尘和污水，造成二次污染。

7.2.2　化学原料的回收

高分子材料直接回收有如下缺点：一是回收物品组成复杂、有杂质；二是产品使用过程中有机械性能损失以及直接回收原料供应缺乏标准等，导致回收料往往只能应用于低端产品，没有实现高分子材料最大价值的循环利用。将废塑料通过化学反应转化为一系列化学原材料单体或者单体片段，再次聚合就可以得到高分子新材料，其理化性能与用传统原料直接聚合得到的高分子材料没有太大区别。目前，聚酯类材料就是通过化学回收来实现再利用的。

化学原料的回收可通过化学分解法和热裂解法来实现。

化学分解法包括水解、醇解等方式，针对不同回收材料会采取不同措施。水解法是通过加水分解含水基团高分子回收物料，此法适用于聚氨酯、聚酯、聚酰胺等酯类塑料。醇解法则是利用醇类的羟基醇解某些聚合物回收原料的方法，如聚氨酯泡沫塑料通过醇解生成聚酯多元醇，可重新用来生产聚氨酯。此法要求回收废料为单一品种的洁净废料，最终可以获得均匀的分解产物。

热裂解法是将废旧塑料研磨之后，通过热分解反应生成甲烷、乙烷、丙烯等小分子气体烷烃产物，以及碳数量较多的小分子液体产物，进而转化为燃料或化工原料的方法。为了降低热解反应的能耗，催化热解、氢化裂解等技术逐渐被关注。催化裂解可以使塑料的热分解在相对温和的条件下发生，并且通过温度和催化剂的组合控制，可以实现聚合物降解产率和碳数分布的调控。反应气氛，如氢气、空气等因素也对热降解反应有影响，其中氢气作为反应气体的氢化裂解反应，可以获得高质量的小分子燃料或化工原料产物。近年来，越来越多的学者开始关注压力控制对于优化裂解产物和降低能耗的潜力，发现随着压力升高，产物挥发速率和双键的形成速率变小，产物中气体的比例尤其是烷烃会增加。

不同的回收技术开发主体针对不同回收物料会采取相应的措施，如对聚氨酯采取水解、氨解、糖解方法都可得到多元醇，然后重新用来生产聚氨酯。

7.2.3　橡胶的回收

传统的橡胶需要经过化学硫化交联形成内部网络结构，才具备橡胶材料应用时的弹性和强度，但也因其共价交联结构而不溶不熔，导致废旧橡胶制品的回收利用困难。废橡胶制品主要包括废轮胎、废胶带、废胶管、废胶鞋，及橡胶制品生产过程中产生的边角余料和报废产品等，其中废轮胎约占废橡胶总量 70%。中国是世界上最大的橡胶消费国和进口国，废橡胶的产生量也达到世界首位，同时又是橡胶资源匮乏的国家。如何解决废橡胶特别是废轮胎造成的"黑色污染"和资源浪费，探索废旧橡胶加工处理的循环利用方法，是实现"碳中和、碳达峰"、应对能源危机和地球变暖的重要举措。

通常，再生胶是指废旧硫化橡胶经过橡胶颗粒研磨粉碎，加入化学试剂并在加压、加热条件下使其"反硬化"，从弹性状态变成具有塑性和黏性、能够再硫化加工的橡胶。再生过程的实质是在热、氧、机械作用和再生剂的化学与物理作用等的综合作用下，使硫化交联网络破坏降解，从强韧的弹性状态恢复到柔软而可塑或者可以再次交联成型的生胶状态。然而，目前的废橡胶再生胶技术普遍存在着利润低、劳动强度大、生产流程长、能源消耗大、环境污染严重等缺点，亟须开发更为有效的废橡胶再生处理技术。

废旧橡胶回收主要通过物理再生和化学再生两类再生处理方法实现循环利用。

（1）物理再生

物理再生是通过外加能量，如机械力、微波、超声等，将交联网络结构破碎成低分子碎片，如断裂的交联键以及交联键间的低分子碎片，进而制备成胶粉。机械力粉碎可以在加工温度为 50℃ 等较高温度下粉碎，也可以在液氮介质的低温下（橡胶玻璃化温度以下）粉碎，甚至可以在溶液或溶剂介质中进行。微波法和超声法是一步脱硫再生法，它通过既非化学也非机械的原理，利用高密度能量场来破坏交联键从而达到再生的目的，但设备要求高、能量消耗较大。

（2）化学再生

化学再生是利用化学助剂在升温条件下，借助机械力作用，使橡胶交联键被破坏从而达到脱硫再生的目的，常用的化学助剂有有机二硫化物硫醇、碱金属等。此法一般在高温和高压下进行，需使用大量的化学品，而这些化学品几乎都是难闻和有害的，耗能也较高。此法的优点是在废橡胶再生过程中可只断交联键而不影响橡胶分子主链，使废橡胶能够恢复到原来新橡胶的物理和化学性能。

事实上，无论对难降解的硫化橡胶经过何种后处理，都不可避免地会造成一定程度的资源损失或环境破坏。随着环境友好高分子材料的需求不断增加，可降解和可再加工橡胶新品种也不断被开发，其中动态化学交联橡胶或许能从根源处预防和杜绝这类事情，它包括动态共价键、氢键、离子键、配位键等可逆交联键形成的新型橡胶。与传统化学交联不同，若采用动态可逆键形成动态交联网络，同样能达到橡胶交联的目的，使橡胶仍表现出优异的机械性能，但赋予了橡胶可塑性，能再加工成型。更理想的情况是再加工制品的机械性能没有受到损失，动态可逆特性甚至还能使橡胶具有自修复等能力，延长了橡胶的使用寿命。由动态化学键连接而成的交联橡胶是一类新型动态智能材料，可构建刺激响应性智能动态聚合物，如自修复聚合物材料、可再加工橡胶材料、形状记忆聚合物材料等。

7.2.4 废旧聚合物的能量回收

废旧聚合物的能量回收主要是针对那些不能被重新利用的聚合物，在空气存在的条件下以一种可控的方式在焚化炉中焚烧这些聚合物，使其在转化成二氧化碳和水的同时释放出热能，从而用来替代化石原料。例如，分类、分离困难的废旧纺织品、包装用品等，主要是用这种方式实现能量回收。通过焚烧产生的热量，可用于火力发电、住宅或工业建筑供电供暖，而焚烧后的熔渣可通过垃圾填埋处理。然而，在燃烧处理过程中会释放二噁英等有毒气体，给环境和人们身体健康带来危害，因此此法并没有被大力推广。

7.3 天然高分子的利用

7.3.1 利用天然高分子生产塑料

（1）淀粉基塑料

淀粉来源丰富、可再生、价格低廉，通过改性塑化可用于生产淀粉基塑料。淀粉基塑料是以淀粉为主要原材料，经过改性塑化后再与其他聚合物共混加工而成的一种塑料产品，属于生物塑料的一种。随着淀粉含量的增加，淀粉基塑料可分为填充型淀粉塑料、共混型淀粉塑料、全淀粉型塑料。淀粉基生物塑料又可分为生物基塑料和生物降解塑料两大类。淀粉基生物降解塑料一般是改性淀粉与生物降解聚酯的共混物，它能够完全生物降解，对环境无污染，废弃物适合用堆肥、填埋等方式处理。以淀粉为基础的生物基塑料一般是改性淀粉与聚烯烃的混合物，它的环保意义在于能够减少化石资源的使用，减少二氧化碳排放，废弃物适合焚烧处理。这两种材料都可以代替传统石油基塑料，广泛用于塑料包装材料、防震材料、塑料膜及塑料袋、一次性餐饮具、食品容器、玩具等。

（2）乳酸生成 PLA

如 7.1 节中的（3）所述，PLA 是一种环境友好型高分子材料，其原料可 100% 从玉米、甜菜、大米等生物质中获得。如图 7.2 所示，先从这些生物质原料中提取淀粉，淀粉原料再糖化得到葡萄糖，再由葡萄糖及一定的菌种发酵制成高纯度的乳酸，进而由乳酸单体通过化学合成方法合成一定分子量的 PLA，制备成各类塑料制品。PLA 通过堆肥降解为对环境和人体无害的二氧化碳和水，能够通过植物光合作用在自然界中实现绿色循环。

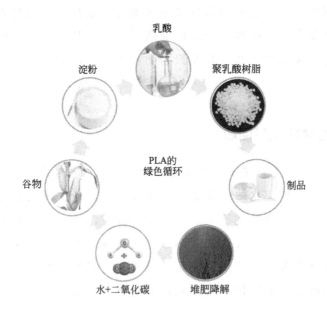

图 7.2　绿色高分子 PLA 的生物循环过程

PLA 是一种具有完全可降解性、高生物相容性和优异机械性能的热塑性材料，可作为石油基塑料的替代品，广泛应用于食品接触级的包装及餐具、膜袋类包装材料、纤维、织物、3D 打印材料等产品和领域，在医疗辅助器材、汽车配件、农林环保等领域也具有较大的发展潜力，可以采用挤出、注塑、拉膜、纺丝等多种方法成型。PLA 强度和刚性高，但其较差的耐热性和抗冲击性制约了其应用，这促使人们对 PLA 进行增韧增强改性研究。共混、共聚、纳米复合等改性方法和材料已相继出现。

由于国内 PLA 的产能较低，不能满足市场的需求，我国 PLA 进口数量较大，导致 PLA 的成本高，相关产品价格较高。2021 年 1 月召开的中国生物降解树脂座谈会上提出，在 PLA 树脂合成上要加大政策扶持力度，补齐我国生物降解树脂合成的这个短板，未来 5 年我国 PLA 产能将超 330 万吨。

7.3.2　纤维素、甲壳素的利用

纤维素是地球上储量最为丰富的一种可再生天然高分子，是人类取之不尽用之不竭的最宝贵的天然可再生资源。在自然界中，纤维素是植物细胞壁的主要结构成分，其中棉花的纤维素含量接近100%，是天然的纯纤维素来源。如今，纤维素已经是重要的化工原料，在纺织、医用、建材等领域有广泛应用价值。莱赛尔纤维，以天然植物纤维为原料，是一种绿色纤维，被誉为近半个世纪来人造纤维史上最具价值的产品。随着人们对功能化纤维产品的需求日益增加，通过物理和化学的手段对莱赛尔纤维进行改性处理，能获得具有各类功能的差别化纤维产品，如具有阻燃性、抗菌性、导电性、发光性、高吸附性、超疏水性、抗紫外性等性能的纤维。

甲壳素在自然界中储量极为丰富，是一种可生物降解的可再生资源，具有无毒、可生物降解、生物相容性好等特性。然而，甲壳素分子间和分子内含有大量氢键，具有致密的晶体结构和高度有序的三维结构，导致其很难溶解，加工困难。近年来发展的绿色溶剂，如离子液体已用于溶解甲壳素，并通过干喷湿纺法制备甲壳素纤维，但该纤维力学性能并不理想。武汉大学张俐娜院士团队通过冷冻-解冻法将甲壳素溶解在$NaOH$/尿素绿色溶剂体系中，并使用小型湿法纺丝机成功制备出了甲壳素丝，其强度达到1.36 cN/dtex，虽然仍然低于传统黏胶纤维的强度，但细胞毒性试验证明，所制备的高强度甲壳素丝能很好地促进心肌细胞生长。此外，由于甲壳素丝优越的可降解性，其土壤降解周期和体外降解周期分别只需22天和34天。这表明可降解高强度甲壳素丝，不仅有望取代尿布等织物，减少难降解污染物排放，而且其优良的生物相容性使其可用作可吸收手术缝合线和伤口敷料等医用产品。

7.3.3 天然高分子——生物质能源

根据国际能源机构的定义，生物质（biomass）是指通过光合作用而形成的各种有机体，其具有可再生、资源丰富和分布广泛等特点。生物质包括所有的动植物和微生物，因此天然有机高分子也属于生物质。生物质能源是太阳能以化学能形式储存在生物质中的能量形式，被认为是仅次于煤炭、石油、天然气之后第四大能源，在整个能源系统中占有重要的地位。采用一定的物理、化学或生物手段，可以将天然有机高分子提炼转化为人们所能直接利用的固态、液态和气态燃料。转化途径包括直接燃烧、生物转化、热化学转化、液化、有机垃圾能源化处理等。

 思考题

1. 绿色高分子的特点有哪些？

2. 高分子材料再利用的方式有哪些？意义何在？

3. 以一种天然高分子为例，描述其生产、使用的绿色循环过程。

参考文献

[1] 潘功. 塑料：扼住地球呼吸的"白色污染"，何去何从. 中华环境，2020，8：41-44.

[2] 石璞，戈明亮. 高分子材料的绿色可持续发展. 化工新型材料，2006，34：33-36.

[3] 陈学思，陈国强，陶友华，王玉忠，吕小兵，张立群，朱锦，张军，王献红. 生态环境高分子的研究进展. 高分子学报，2019，50（10）：1068-1082.

[4] 沈德生，胡菲，王梓涵，蒋卓. 聚烯烃塑料高压热降解的研究进展. 现代塑料加工应用，2021，33（3）：56-59.

[5] 陈兴幸，钟倩云，王淑娟，吴宥伸，谭继东，雷恒鑫，黄绍永，张彦峰. 动态共价键高分子材料的研究进展. 高分子学报，2019，50（5）：469-484.

[6] 曹泳琳，严玉蓉，吴松平，郭熙桃，马义忠，马俊滨. 废旧PET回收利用进展. 专论与综述，2021，50（2）：128-131.

[7] 金征宇，王禹，李晓晓，支朝晖，焦青伟. 淀粉基生物可降解材料的研究进展. 中国食品学报，2019，19（5）：1-7.

[8] 辛颖，王天成，金书含，姜伟，赵光辉，赵辉. 聚乳酸市场现状及合成技术进展. 现代化工，2020，40（S1）：71-74，78.

[9] 朱雪琪，彭康，张慧慧，杨革生，邵惠丽. 功能化Lyocell纤维的研究进展. 功能材料，2021，52（1）：1078-1085，1201.

[10] Zhu K, Tu H, Yang P, Qiu C, Zhang D, Lu A, Luo L, Chen F, Liu X, Chen L, Fu Q, Zhang L. Mechanically strong chitin fibers with nanofibril structure, biocompatibility, and biodegradability. Chem Mater, 2019, 31: 2078-2087.